AF261925

NOUVELLE DÉCOUVERTE
SUR LES VIGNES,

GÉNÉRALISÉE POUR TOUS LES PAYS;

ET MÉTHODES

*Pour amender les Champs sur les Champs mêmes,
pour les irrigations des semis précieux et arbustes,
pour les semailles par graines des Pommes de terre,
pour augmenter considérablement les Fumiers ou
Engrais, pour préserver les Prairies des Taupes, et
pour hâter la maturité de certains fruits;*

PAR M.ʳ FRANCÈS AÎNÉ,

Propriétaire, habitant de Toulouse, Licencié en Droit, et
Pensionné du Gouvernement; Auteur d'un ouvrage intitulé :
*Agriculture pratique et économique, à la portée de tout
le monde,* approuvé par la Société Royale d'Agriculture du
département de la Haute-Garonne.

TROISIÈME ÉDITION, REVUE ET AUGMENTÉE,

DÉDIÉE A LA SOCIÉTÉ LINNÉENNE D'AGRICULTURE DE BORDEAUX.

PRIX : 1 fr. 50 c.

A TOULOUSE,

De l'Imprimerie de Jean-Matthieu DOULADOURE,
rue Saint-Rome, n.° 41.

1821.

PLAN DE L'OUVRAGE.

Augmentation considérable de la récolte vinaire ; nouvelle découverte sur les vignes, appuyée par l'expérience la plus solide et la plus évidente.

Méthodes générales, pratiquables dans tous les pays, approuvées par plusieurs sociétés d'agriculture, et appuyées par l'expérience de 20 ans à Toulouse, 6 ans à Albi, 60 ans par de bons vignerons de certains villages désignés, et par des renseignemens recueillis par l'auteur, qui prouvent que son procédé, touchant les vignobles, se pratique en *Corse*, en *Allemagne*, en *Italie*, et, en France, dans la Bourgogne ; avis favorables des meilleurs vignerons praticiens, pris sur les lieux mêmes par l'auteur, avec des notes toutes en faveur de la méthode.

Procédé nouveau et peu coûteux pour empêcher la coulure de la vigne, ou le filer des raisins, en avançant la floraison, et par conséquent la fructification ; pour éviter les brouillards, si dangereux à cette récolte essentielle, qui surviennent entre la saint Jean et la saint Pierre, du 24 au 30 juin dans nos contrées, plutôt dans quelques pays, et plus tard dans d'autres ; pour hâter aussi la maturité des raisins, et l'époque des vendanges, augmentant la récolte vinaire, en ménageant les souches, qui, par les différens procédés enseignés par l'auteur, parviendront à un âge plus avancé, sans le moindre épuisement.

MODÈLE gravé d'une souche avec toutes les explications détaillées par numéros des diverses opérations à exécuter en grand sur les vignes.

CRITIQUE raisonnée de l'incision annulaire, mise en pratique pour empêcher la coulure de la vigne.

MÉTHODES très-essentielles pour fabriquer des engrais, ou fumiers en grande quantité sans presque aucuns frais, de manière que le propriétaire qui avait jadis 100 charretées de fumier sur un domaine de deux paires de labourage, en aura 600 et plus, avec les mêmes pailles et bétail ; procédé pour fabriquer aussi une grande quantité d'excellent fumier sans paille ni bétail.

NOUVELLE MANIÈRE de fumer ou amender les champs sur les champs mêmes, pour éviter les transports coûteux aux propriétaires qui écrasent leur bétail.

COMPOSITION simple, économique et facile, d'un engrais liquide pour les arrosemens des plantes précieuses, semis rares ou arbustes, comme orangers et autres, tant indigènes qu'exotiques.

MÉTHODES pour préserver sans frais les prairies des taupes, par deux moyens, et pour hâter la maturité de certains fruits.

Procédés pour augmenter beaucoup la grosseur des pommes de terre, et par conséquent la récolte de ce fruit. Essai à faire pour le renouvellement des races ou qualités inconnues dans nos pays, d'un goût et d'une bonté bien supérieures aux nôtres, en semant les graines des pommes de terre qui sont contenues dans le haut de la tige, dans une boule verte.

L'on verra ci-bas la note du jugement de l'ouvrage précité au texte, par la société des savans et propriétaires de la capitale, insérée dans le journal de la Bibliothèque Physico-économique de Paris (1), rédigé par Arsène Thiébaut de Berneaud, du mois d'octobre 1820, page 228, avant-dernier article ; il dit en substance :

« L'ouvrage de M. Francès, in-8.°, 110 » pages, contient de fort bonnes choses. Il an- » nonce dans son auteur une pratique solide, » et parfaitement raisonnée. »

---

(1) Ce journal m'a été transmis par le respectable M. de Villèle, père de Son Exc. monseigneur le ministre de ce nom, sans doute dans des vues d'encouragement ; il serait vivement à désirer que toutes les sociétés de France eussent dans leur sein des membres aussi zélés que cet admirable agriculteur ; il en résulterait des écrits sur cette essentielle partie, et sûrement l'on verrait paraître des ouvrages qui annonceraient des découvertes précieuses, d'où découleraient des améliorations satisfaisantes, mais qui restent inédits, faute d'encouragement nécessaire et purement honorifique.

L'auteur étant à Albi (Tarn), recueillit la note suivante :

« Ma méthode de l'extraction du fil *couleur* est si authentique dans ses résultats, que dans Albi même j'en trouve un exemple frappant.

» Le hasard m'a procuré l'avantage précieux de faire connaissance avec M. Raynal, médecin, et rédacteur du journal de la Société d'Agriculture du département du Tarn ; cet homme estimable connaît, depuis 6 ans, le procédé ; il l'apprit d'un soldat Bourguignon, qui, étant logé chez lui militairement, lui dit que dans la Bourgogne l'on coupait le fil dévorant, pour préserver la vigne de la coulure.

» Ce monsieur a pratiqué ma méthode sur certaines souches, et toutes celles dont il a coupé les vrilles, ont conservé, sans la moindre coulure, tous leurs raisins, qui sont gros et bien nourris; tandis qu'à celles où il a négligé l'opération, les raisins ont coulé, sont petits et à demi perdus.

» Cet exemple, que le hasard seul m'a procuré, et que les habitans d'Albi peuvent vérifier sur les lieux, porte un caractère d'évidence si étonnant, que les plus incrédules seront forcés de convenir de l'efficacité du procédé.

» Propriétaires de vignobles, si vous mettez cette méthode en usage, vous conserverez pour la récolte, sans craindre ni la coulure, ni le brouillard, tous les raisins de naissance. »

Permis de publier, accordé à l'auteur par M. Angelier de Saint-Hilaire, préfet du département du Tarn, président la Société d'Agriculture d'Albi, dans la séance du 8 août 1820.

MÉTHODE

POUR EMPÊCHER LA COULURE DE LA VIGNE,

OU LE FILER DES RAISINS,

ET POUR

LA PRÉSERVER DU BROUILLARD

PAR LE MÊME PROCÉDÉ;

Pratique appuyée par l'expérience la plus évidente.

LORSQUE vous voyez que le raisin est échappé du sarment tendre et naissant, et qu'il a environ un pouce de longueur, que vous le jugez formé et bien développé, ce qui arrive ordinairement à la fin du mois d'avril dans nos contrées, plus tôt ou plus tard dans d'autres, suivant la température barométrique des positions topographiques, et suivant la beauté du temps ; vous apercevez sur le raisin, à sa naissance, au bas de sa queue, un fil de vigne vert, qui a aussi une petite follicule de forme longue et presque imperceptible : pour éviter que le raisin ne *coule* ou ne *file*, ce qui est synonyme, coupez, avec des ciseaux, ce fil ras de la queue sur le support de la grappe du raisin, et coupez du même coup la follicule qui est à la naissance du fil. Il faut prendre garde de ne pas endommager le support de la grappe. Cette opération faite avec soin, d'une manière exacte, et plus bas nous indiquerons l'époque de l'extraction du fil dévorant, vous n'aurez plus à redouter que le raisin *file* : dans peu de jours il deviendra gros et bien nourri, parce qu'il sera délivré de son ennemi, qui, étant à

A 4

sa naissance, interceptait son suc nourricier , et le gardait pour son compte, à pure perte ; ce qui fait que le raisin en étant délivré , se constitue d'une manière robuste et ne *coule* plus.

La manière d'expliquer physiquement cette cause *anti-vinale* est, ce me semble, claire : le fil dont est question étant au commencement et à la naissance du raisin, devient très-long , et prend une grande quantité du suc nourricier qui doit le former dans sa tendre jeunesse , et par cette privation d'une très-grande partie de sa nourriture , lui préjudicie considérablement , et l'oblige à devenir , comme lui, un fil maigre et alongé ; les grains de raisin s'éparpillent et périssent en grande partie , le raisin ayant *coulé*. En coupant le fil rongeur , vous ne verrez plus de ces raisins grêles et éparpillés ; vous n'aurez que des raisins bien nourris et serrés.

Au reste, un quart de plus de récolte est assuré , à moins d'accident , à celui qui aura extrait de ses vignes le fil *couleur* ou *fileur*.

La preuve évidente que le fil dont s'agit est seul la cause de la *coulure* de la vigne , c'est qu'il ne faut le couper que le quinze du mois de mai dans nos contrées, plus tôt ou plus tard dans d'autres. Dans la suite de l'ouvrage, l'on apercevra les différences des époques à ce sujet ; car , jusqu'à cette époque, il nous est fort utile, et le couper plutôt serait commettre une faute grave.

Nous le laissons jusqu'au 15 mai, pour qu'il alonge le raisin à une longueur convenable , et à cette époque le raisin ayant la longeur désirée , nous le coupons de suite pour d'abord l'empêcher qu'il ne le fasse alonger ou *couler* davantage. L'on fait encore mieux ; à cette époque aussi l'on pince la vigne, c'est-à-dire, l'on coupe les têtes des sarmens pour renforcer le raisin, et lui donner une constitution capable de résister à sa maladie la plus dangereuse, le *brouillard.* Le raisin délivré de tous ses ennemis double de grosseur dans peu de temps.

Vous voyez que puisque nous faisons laisser le fil du raisin jusqu'au 15 mai, pour qu'il l'alonge jusqu'à cette époque, c'est donc que nous reconnaissons qu'il le fait alonger, et qu'ainsi puisqu'il l'a alongé jusqu'à ce temps-là, il finirait par l'alonger tout-à-fait, et c'est ce que nous appelons le *couler* ou le *filer ;* c'est ce fil seul qui est la cause du *couler,* et qui enlève un gros quart de récolte vinaire chaque année ; après son extraction vous ne craindrez plus ni le *couler* du raisin, ni le *brouillard.*

De même qu'un enfant à la mamelle, qui a sucé seul du lait d'une source saine et abondante, qui lui a procuré un bon tempérament, peut plus facilement résister, et même ne pas avoir de maladie ; et que celui qui, au contraire, a été mal nourri, est étique et cacochyme : ainsi le raisin bien nourri et délivré de son fil dévorant, résiste facilement aux maladies, principalement au *brouillard,* à l'époque de la floraison.

Il y a une autre remarque fort essentielle à faire. Dans quelques pays non-seulement l'on coupe le fil *couleur,* mais encore l'on coupe aussi les tiges des sarmens le 15 mai, pour arrêter la vigne, et donner par cette bonne opération toute la force aux raisins ; l'on coupe même, et l'on nettoie la vigne de toutes les mises qui n'ont point de raisins ; ces opérations se nomment le pincement de la vigne, et l'épamprage.

J'approuve fort ces méthodes ; elles tendent absolument à conserver au raisin le suc végétal qui se serait porté sur les parties extraites, et qu'il possède alors seul ; il s'en nourrit abondamment, et devient par cela même plus gros d'un tiers qu'à l'ordinaire, et, par sa forte constitution, résiste, je le répète, à sa maladie la plus dangereuse et la plus grave, qui est le *brouillard*.

Quelques personnes, peu agronomes, diront de suite : Combien de sarmens perdus par ce procédé ! Il leur sera répondu, si c'est des sarmens qu'ils veulent ou du vin. Au reste, il se perdra même très-peu de ce bois, qui, dans aucun cas, ne peut entrer en parallèle avec l'avantage réel du produit vinaire de ces belles et utiles opérations.

Faites cette expérience sur vos treilles, hautins, ou sur une ou deux rangées de vos vignes ; vous verrez par vous-mêmes combien les raisins dont les fils seront coupés, seront gros et vigoureux ; et si vous laissez les mêmes fils à un autre endroit, vous verrez beaucoup de raisins qui auront *filé* ou *coulé*, et d'autres si menus, qu'à l'époque de la floraison, ils seront détruits par le brouillard de fond en comble.

Agissez, et vous serez convaincus.

Cette méthode se pratique depuis long-temps avec succès dans certains pays. Je la connais depuis dix-huit ans ; mais un auteur est toujours suspect ; il né peut être juge et partie. Ainsi, citons des exemples authentiques et étrangers.

Le nommé *Antoine Brassart*, jardinier-pépiniériste, logé à Toulouse, au fond de la grande-allée, près le Busca, rue du Gorp, n.° 10, suit cette méthode, avec le plus étonnant succès, depuis longues années ; il est obligé d'étayer ses souches, à cause de la grande quantité de raisins qu'elles portent, et qu'il conserve par la coupure du fil *couleur* ; il arrête ou pince aussi les bouts des sarmens, pour, après avoir empêché le raisin de *filer*, lui donner, par le pincement de la vigne, une forte et robuste constitution, pour le garantir du brouillard. Au reste, il n'a jamais été brouillardé en suivant notre méthode.

Nous sommes convenus ensemble qu'il montrera, avec plaisir, à tous ceux qui le désireront, la manière d'agir au sujet du fil, et le fera voir, sur ses souches même, à tous ceux qui le visiteront. L'on verra aussi chez lui la grande quantité de raisins qu'elles portent, et l'on se convaincra par là de l'efficacité de la méthode.

M. *Régis*, logé à Toulouse, grande rue Saint-Michel, n.° 136, pratique cette méthode depuis vingt ans. Il avait acheté un arpent de vigne et une petite maison après le cirque romain, avant le pont du Touch, route de Grenade, sur la gauche, près le château appelé Laflambère.

Cette vigne, lorsqu'il l'acheta, lui rapportait une pièce et demie de vin, mesure de Toulouse, c'est-à-dire, 480 litres de vin environ. Il la répara, et eut chaque année le soin de couper le fil *couleur*; deux ans après il récolta neuf et dix pièces de vin, mesure de Toulouse, c'est-à-dire, 3200 litres. Cette étonnante augmentation paraîtra fabuleuse, elle est pourtant vraie; il attribue cette grande quantité en plus de vendange, en partie à l'extraction du fil *dévorant* ou *couleur*.

Ce qu'il faut remarquer avec attention et grande réflexion, c'est que quoique la vigne fût le long du ruisseau du Touch, elle ne fut jamais brouillardée.

Cependant tous les agriculteurs savent que toutes les récoltes qui longent les eaux, sont très-sujettes au *brouillard*.

Cette remarque judicieuse porte avec elle un caractère si évident, que je ne saurais douter que l'extraction du fil *couleur*, par la force que prend le raisin, le préserve et le garantit du brouillard.

(12)

Propriétaires, faites-en l'expérience ; je vous y engage fortement.

M. *Delmas*, logé à Toulouse, grand faubourg Saint-Michel, n.° 35, où il est propriétaire d'un vaste jardin, pratique, depuis vingt ans, la méthode indiquée, avec un succès complet ; il m'a même dit qu'au village nommé Vernioles, près Pamiers, d'où il est natif, tous les propriétaires la mettent en pratique depuis très-long-temps avec le plus grand succès ; il conditionne les souches dans son jardin de la même manière. Ceux qui voudront encore voir comment se fait cette opération, peuvent se rendre chez lui, et se convaincre de la bonté de la méthode, et de la véracité des faits consignés plus haut.

Le nommé *Antoine Brassart*, précité plus haut, fera aussi voir la méthode que nous faisons employer pour *enter* ou *greffer* la vigne ; il fera voir même des souches entées dans son jardin, et en plein rapport : il enseignera deux manières de greffer les vignes.

Une chose qui serait fort jolie et fort agréable dans de beaux jardins, par le moyen de la greffe, ce serait de faire porter à une même souche ou treille toute espèce de qualités de raisins : c'est-à-dire, sur le même tronc, voir croître et mûrir des blanquettes, des muscats rouges et blancs, de mausacs, et, enfin, toutes les qualités de raisins. Cela serait curieux et productif ; car les souches entées sont comme les arbres : le fruit en est meilleur, et la souche dure plus long-temps.

Enfin, un arpent de vigne greffée ou entée, porterait d'abord du vin de qualité choisie, c'est-à-dire, excellent ; rapporterait davantage et vieillirait plus tard. Voilà encore une expérience à faire, et qui présente un bon résultat d'intérêt pour les vignes, et d'un grand agrément pour les jardins de luxe, d'où les raisins en provenant sont consommés en fruits pour la table. L'on pourrait se procurer, avec les mêmes treilles ou souches, par la greffe, des qualités choisies et excellentes.

Observations critiques sur l'opération nommée l'incision annulaire, pour empêcher la coulure de la vigne.

LA théorie invente, écrit ; les praticiens connaisseurs repoussent souvent avec force, et annullent ce que les théoriciens avaient voulu mettre en usage : en agriculture comme dans toutes les sciences, il faut que l'expérience consacre tous les divers procédés.

L'incision annulaire est absolument en contradiction avec ma méthode, pour empêcher la *coulure* de la vigne.

Car elle tend à empêcher le suc végétal et vinaire de se porter, au moins tout, au raisin : tandis que mon procédé tend absolument à réserver, pour le raisin seulement, tout le suc nourricier ; et encore en extrayant le *fil couleur*, nommé *vrille*, épamprant et pinçant les têtes des sarmens, je veux qu'il en jouisse seul ; et par ces diverses opérations, je veux lui en procurer une quantité d'autant plus considérable, que les parties extraites n'en jouiront pas ; de manière que le raisin seul le possédera tout et ne *coulera* pas, et sera aussi à l'abri du *brouillard*, par le même procédé.

Il est impossible de voir deux méthodes plus évidemment contraires, et ma doctrine à ce sujet est subversive de tout ce qui s'est pratiqué jusqu'à ce jour, pour atteindre le but essentiel, qui est d'empêcher la *coulure* de la vigne, ou le *filer* des raisins.

L'incision annulaire consiste à faire à des sarmens de vigne, porteurs de raisins, une blessure tout autour de l'écorce, avec un instrument tranchant presque en forme de ciseaux, et fabriqué *ad hoc.*

Et cela, nous dit-on sans doute, pour empêcher le suc végétal et vinaire de se porter avec trop d'abondance au raisin : croyant que la trop grande quantité de substance le faisait *couler* ou *filer*, l'auteur de cette opération avait voulu arrêter ou faire refluer en l'arrêtant partie de la sève, et priver, par la blessure incisive, le raisin d'une grande quantité de substance ; et tout cela était imaginé parce que l'on avait cru jusqu'à ce jour, que c'était la trop grande quantité de substance qui était la cause de la *coulure* de la vigne.

Quant à moi, je prétends, au contraire, que le raisin ne *coule* ou ne *file*, que parce que le fil dévorant qui est au support de la grappe, le prive d'une grande partie de la sève vinaire, et qu'il la retient et garde pour son compte ; et alors le raisin, n'étant point nourri dans sa tendre jeunesse, *coule* faute de substance nécessaire à sa formation, et, je ne cesserai de le répéter, devient si frêle et si maigre faute de substance, que lors de la floraison il ne peut résister au *brouillard*, auquel il résistera, si dans les premiers jours et jusques au 15 du mois de mai, dans notre département et autres de la même température, l'on extrait le fil *couleur*, parce que ce fil extrait, le raisin fleurit de suite et est en grains avant les *brouillards* de la saint Jean, ou de la saint Pierre, c'est-à-dire, du 24 au 30 juin.

Comparaison naturelle.

La nature n'est point marâtre ; elle ne donne, quant à la végétation, aux fruits de la terre, que ce qu'il faut pour créer et nourrir jusques à parfaite maturité.

Les en priver, sera toujours à mes yeux et sans

(15)

doute à ceux de tout vrai naturaliste, connaisseur et agriculteur-praticien , une faute *anti-naturelle* : délivrer les fruits de leurs voisins incommodes et rongeurs, est ce qui se pratique tous les jours en agriculture ; et si l'on ne prenait soin d'extraire les herbes des blés par le sarclage ; des arbres les branches gourmandes et parasites , par la taille et l'émondage ; des souches, les sarmens inutiles et dévorans par l'épamprage ; si l'on ne délivrait les arbres à fruit du bois inutile et rongeur , par le secours des instrumens tranchans ; certes, nous perdrions chaque année peut-être moitié de toutes récoltes.

Toutes ces différentes opérations sont physiquement naturelles , et tendent à laisser croître le bon , en extrayant le mauvais, *toujours rongeur ,* pour conserver tout le suc nourricier à l'utile, et par conséquent au fruit.

Ainsi tout, dans le règne végétal , dit à l'homme : Extrais le dévorant, et conserve aux fruits de la terre , la sève entière de la végétation.

Il est donc clair que par ma doctrine, celui qui a inventé, quant à la coulure de la vigne, l'incision annulaire, a contrevenu d'une manière évidente aux lois et aux règles naturellement établies dans la végétation ; et voulant empêcher , par ce procédé , au reste impraticable (du moins généralement) le raisin de couler ; d'après mes principes, il opérait le mal plus fortement , ayant la meilleure intention de l'empêcher.

Tout l'aperçu ci-dessus, quant à ma méthode , étant absolument opposé à tout ce qui s'est pratiqué jusqu'à ce jour , pour empêcher la *coulure* de la vigne , je dois au public une explication claire et physique à ce sujet.

1.° D'abord , par l'incision , qui est une cruelle opération, vous blessez le sarment, et lui procurez une maladie végétale, dont il doit nécessairement souffrir.

2.° Vous arrêtez le suc nourricier ; mais, dites-vous, c'est notre intention. Je le vois bien ; c'est aussi en cela que nous serons toujours opposés.

Car je prétends que votre but est manqué, et que pour éviter une chose, à mes yeux vous la produisez davantage. Prétendant, moi, que pour empêcher la *coulure* de la vigne, il faut délivrer le raisin de tout voisin incommode et rongeur, et particulièrement de ce *fil* qui est au support de la grappe, et qui fait à mes yeux l'effet de votre incision annulaire, privant le raisin d'une grande partie de la sève vinaire.

Et vous, non-seulement vous laissez ce fil, mais même craignant que le raisin malgré tous ces voisins incommodes et rongeurs, n'ait trop de substance, vous voulez lui en ravir encore une grande partie par l'incision faite au sarment, et qui le prive évidemment d'une grande partie de la sève vinale.

3.° L'incision dont s'agit porte encore avec elle des caractères vicieux assez frappans : si les vents soufflent avec force, comme dans le Bas-Languedoc, par exemple le *sud-est* ou *vent d'autan*, les sarmens incisés casseront, et certes alors vous aurez tout-à-fait évité la coulure de la vigne.

Cette seule raison, si je n'en avais pas d'autres, m'empêcherait de la pratiquer.

4.° Cette opération porte d'ailleurs avec elle des empêchemens notoires, même en l'adoptant : comment me fera-t-on concevoir qu'un propriétaire de 100 arpens de vigne pourra faire inciser chaque sarment porteur de raisin ?

Elle a aussi des caractères incommodes, peu économiques et des plus embarrassans.

Il faut des ouvriers dressés *ad hoc*, et j'imagine
qu'il

qu'il leur faudrait beaucoup de temps pour manier un outil qui doit coûter cher, et dont peu de personnes sauront se servir.

Je pense même que plusieurs vignerons feraient l'incision si fortement, qu'ils couperaient avec l'écorce, partie des sarmens, et alors gare le moindre vent !

Quelle différence avec notre méthode facile et simple ! Avec des ciseaux ordinaires, que tout le monde saura manier, nous extrayons le fil *couleur*, nous délivrons le raisin de son ennemi juré, nous tierçons la récolte vinaire, nous empêchons la coulure de la vigne ou le filer des raisins, et nous la préservons du *brouillard*.

Professer la doctrine de l'incision annulaire est à mes yeux une hérésie agricole, *anti-vinale* ; c'est là mon avis, touchant la coulure de la vigne. Je crois que l'incision annulaire hâte la maturité des fruits, et je ne m'étonnerais pas qu'un jardinier, avide de gain, dans un pays riche comme Paris, où le fruit précoce se vend au poids de l'or, ne la pratiquât pour en tirer un prix exorbitant ; mais encore le fruit ainsi mûri est comparable aux fruits d'hiver, venus dans les serres, par le secours de la chaleur artificielle des poëles souterrains ; et la qualité et le goût ne peuvent se comparer aux fruits que la nature a préparés elle-même et conduits à son entière perfection, par une maturité où l'art et l'artifice n'ont rien eu de commun.

Au reste, l'extraction du fil *couleur* est d'origine sacrée ; ce ne sont ni les théoriciens, ni les écrivains qui en sont les auteurs ; cette invention ingénieuse est due à des paysans, excellens vignerons, qui l'ont essayée les premiers, et qui ont reconnu le grave préjudice qu'il occasionnait.

Tous les jours, depuis la première livraison de mon ouvrage, je découvre des agriculteurs qui la prati-

B

quent depuis long-temps avec un succès entraînant. Certains même de ces Messieurs m'ont blâmé de l'avoir promulguée, vu, disaient-ils, que si tout le monde la met en pratique, l'on ne saura que faire du vin, et que le petit nombre qui connaissait cette excellente méthode, aurait seul joui de ce précieux avantage : propos intéressé, mais aussi éloge naïf et pompeux en faveur de la méthode.

Malgré tous ces raisonnemens, je m'honore de l'avoir consignée et promulguée dans mon ouvrage, connaissant le procédé depuis 18 ans ; parce que tout homme qui aime son pays doit envisager l'intérêt général, et ne pas s'arrêter à des idées sordides, dictées par l'égoïsme et une vile cupidité : dans tous les pays vignobles, je l'enseignerai avec éclat.

J'ai vu aussi, depuis la livraison de mon ouvrage, quantité d'excellens vignerons, à qui j'ai montré ma méthode pour extraire le fil *dévorant;* ils ont tous resté convaincus. Leur approbation n'est pas toujours à dédaigner.

Au reste, ou ma méthode est vicieuse et absurde, ou l'incision annulaire est détruite aux yeux des vrais vignerons praticiens. L'agriculture n'est pas un raisonnement : dans cette partie essentielle, il faut être connaisseur et non pas beau diseur.

Au fait, c'est un litige agricole, que le colosse de l'expérience et de l'opinion publique jugera à la saison prochaine sans appel, voulant, pour l'intérêt général, donner la plus grande publicité à l'extraction du fil *couleur,* dont l'expérience, à Toulouse et ailleurs, a consacré le procédé d'une manière étonnante.

Notes des tournées de l'auteur pendant l'été de 1820, dans les pays-vignobles du département du Tarn (Albi), et dans nos contrées de la Haute-Garonne, essentiellement complantées en vignes.

Mon goût particulier, et très-décidé pour l'agriculture, m'a engagé à entreprendre de petits voyages instructifs dans notre département, et dans celui du Tarn, si essentiellement vignoblé, et où les qualités des vins et la culture des vignes, sont très-supérieures aux nôtres.

J'ai voulu, en observateur réfléchi, prendre moi-même sur les lieux, les avis des bons vignerons praticiens, principalement au sujet de la culture des vignes, dont j'ai un agenda copieux, et touchant aussi l'extraction du fil *couleur*, distinguant toujours les connaissances théoriques de celles acquises, ou par pratique, ou par l'avis des meilleurs et des plus solides praticiens.

Je vais donc faire part au public, des notes recueillies dans les pays vignobles, au sujet du fil *couleur* seulement ; me réservant de fournir plus tard ; un travail en grand sur la culture des vignes, et un système général sur toutes les parties vignobles.

D'ailleurs, sachant officiellement, qu'à la saison prochaine, ma méthode se mettra en pratique, presque généralement, ceux même qui avaient quelques légers doutes sur l'efficacité du procédé, seront, je pense, convaincus, ou seront entêtés contre leurs plus chers intérêts.

Le département du *Tarn*, comme limitrophe du nôtre, fixa mon attention, par rapport à ses magnifiques vignobles.

Il est vraiment difficile de voir des plaines de vignes aussi-bien soignées, et en aussi beau rapport.

Je commençai donc par Albi : honneur aux amateurs de l'agriculture, et aux Sociétés qui encouragent les découvertes, et leurs auteurs! J'eus le bonheur de rencontrer dans cette ville, un préfet, qui est, sans contredit, l'homme le plus propre à encourager les gens qui s'occupent du bien général, sur-tout en agriculture ; il était président de la Société agricole d'Albi ; il me permit de faire part à ladite Société assemblée, le 8 août dernier, de mon travail sur l'extraction du fil *couleur*. Cette Société m'accueillit avec le plus grand intérêt ; elle ne le cède en rien à toute autre, tant par le choix distingué de ses membres, que par leurs profondes connaissances agronomiques ; ce que je fus bien à même de juger, par les différens discours prononcés par plusieurs membres dont je n'ai pu retenir les noms, excepté celui de M. *Limouzin-Lamothe*, pharmacien, agriculteur distingué d'Albi, qui a été couronné par rapport à ses ouvrages par plusieurs Sociétés de France ; ils prononcèrent tous des discours sortis des plumes de vrais connaisseurs en agriculture.

Au reste, M. le comte *Louis de Villeneuve*, le père de l'agriculture méridionale, prononça ce jour-là un superbe discours agricole dans l'assemblée.

C'est clairement annoncer que la séance était éminemment agronomique.

Ladite assemblée reçut de moi les instructions au sujet du fil *couleur* ; je montrai à tous ses membres l'effet préjudiciable du fil dont s'agit, sur des *modèles vivans*, c'est-à-dire, sur des raisins, où tous les genres de destruction se présentaient, occasionnés par le fil, sujet de mes observations.

L'honorable assemblée me parut convaincue; cha-

(21)

cun de ses membres se munit sur le champ d'un exemplaire de mon ouvrage.

C'est à la protection éclairée et spéciale de M. *Angellier de Saint-Hilaire*, alors préfet à Albi (Tarn), et qui l'est dans ce moment à Carcasonne (Aude), que cette belle contrée vignoble devra la propagation de cette précieuse découverte.

. Les raisins servant de modèles, avaient été pris chez plusieurs membres de la Société d'Agriculture d'Albi.

L'on a déjà vu que M. *Raynal*, professeur de philosophie, médecin, et rédacteur du Journal d'agriculture du département du Tarn, pratiquait avec succès mon procédé depuis 6 ans dans les environs d'Albi. Plusieurs personnes distinguées de cette ville par leurs connaissances scientifiques, me dirent qu'elles avaient reconnu que le fil dont s'agit dévorait les raisins ; que lorsqu'ils étaient porteurs de l'*épée*, c'est le nom qu'ils donnent dans cette contrée aux fils *couleurs*, la récolte en vin était mauvaise. Le fil dont s'agit, existe chaque année à chaque raisin ; à la vérité, il est des qualités de cepages dont les fils des raisins sont plus ou moins longs, et alors plus ou moins apparens, et par conséquent plus ou moins nuisibles.

Ainsi donc, puisque la récolte vinaire est nulle par la faute de l'*épée*, il faut l'extraire, et c'est là le sujet de mon ouvrage, pour éviter les nombreux dégâts et les pertes réelles qu'elle occasionne chaque année.

D'Albi, je me rendis à Gaillac, pays, comme tout le monde le sait, qui récolte des vins exquis, surtout les vins blancs.

Je vis plusieurs propriétaires riches en vignobles ; tous se munirent de mon ouvrage, et me dirent qu'à la snison prochaine , du 1.er au 15 mai, ils mettraient mon procédé en pratique.

Comme je suis envieux de m'instruire , je désirai voir un homme fort riche en vignes , qui passe avec juste raison pour un des meilleurs vignerons du pays, et c'est beaucoup dire dans ces contrées, car les vignes sont cultivées et soignées de la première force.

Ce monsieur me dit, comme l'on m'avait dit à Albi, que l'*épée* ou fil *couleur* rendait la récolte du vin très-mauvaise. Il faut l'extraire, lui dis-je, puisque vous le reconnaissez dévastateur , et c'est ce que mon ouvrage commande d'une manière impérieuse. Ce monsieur, excellent vigneron , se nomme *Gineste*, logé à Gaillac, sur la promenade ; il récolte des vins excellens, et me dit avoir greffé de sa main une grande quantité de ses vignes.

Je fus bien aise aussi de m'entretenir avec des brassiers vignerons ; je m'en fis nommer une douzaine; je parvins à les rassembler ; l'on me les avait signalés comme très-instruits sur la partie des vignes ; c'était le jour de la foire de Gaillac, du mois d'août.

Ils me questionnèrent fortement ; je les questionnais à mon tour, et prenais note dans ma mémoire de leurs réponses ; ils parurent très-satisfaits surtout de mes procédés touchant l'extraction du fil *couleur*.

Ils finirent par me dire que j'avais tellement rai-son , à ce sujet, qu'ils avaient remarqué chaque année que les raisins , qui avaient les fils très-longs, périssaient par la coulure, qu'ils appelent *lé piza*, ou par le brouillard qu'ils nomment *néplo* en patois du pays ; je me fis nommer, et pris par écrit la note des noms qu'ils donnaient à ces qualités de raisins.

En voici la nomenclature dans l'idiome du pays : *Lé génoul d'agasso ; lé pignol ; lé rouchal; l'ouillado ; lé négret, et lé prunela.*

Ces excellens vignerons ont remarqué que le fil *couleur* portait un préjudice considérable à tous les raisins en général ; mais ils le signalent comme dévastateur sur les qualités des cépages, *filards* ou *couleurs* ci-dessus désignés.

Je pense que rien n'est plus favorable à ma méthode, que les dires de ces vignerons, cultivateurs praticiens, et vrais connaisseurs; je conseille même aux propriétaires de vignobles, de s'abstenir de planter des qualités de souches ci-dessus nommées, à cause des longs fils qu'elles portent à leurs fruits raisins, et qui enlèvent chaque année une partie considérable de la récolte vinaire.

De Gaillac je partis pour Rabastens : là M. le comte *de Puysegur*, maire de la ville, homme très-instruit, et qui me parut grand amateur d'agriculture, fit assembler à la mairie les principaux bientenans, et quelques paysans vignerons; je leur fis la démonstration sur des raisins, du préjudice considérable qu'occasionnait le fil *couleur*. L'assemblée fut très-satisfaite; plusieurs membres se munirent de mes ouvrages, et promirent de mettre le procédé en pratique, à la saison à venir : le secrétaire de la mairie connaissait le procédé depuis deux ans. J'ai laissé dans quelques endroits des dépôts de ces ouvrages; ce qui présage pour l'année prochaine dans ces belles contrées vignobles, une augmentation de la récolte vinaire, pour tous ceux qui agiront d'après mes vues, en extrayant le fil *couleur* de leurs vignobles. Ce mémoire est répandu avec profusion, et trouve, je le sais par ma correspondance, nombre de prosélytes.

Je fus curieux de voir Villaudric et Fronton, pour connaître le sentiment des vignerons praticiens de ce pays, dont les produits vinaires sont si renommés dans nos contrées, et où les qualités de vin sont excellentes.

Je m'y rendis le jour de la fête patronale; je fis voir à M. le maire de Fronton, sur ses vignes même, le préjudice considérable que le fil *couleur* lui avait occasionné cette année.

Au reste, j'ai remarqué avec beaucoup d'attention, et en observateur qui veut s'instruire, par des exemples matériels, que cette année, le fil dévorant ou *couleur*, avait enlevé clairement en suivant dans les vignes les raisins souche par souche, par la coulure ou le brouillard, moitié de la récolte vinaire, à Fronton et Villaudric, tous les modèles de destruction se présentaient presque à chaque pied de vigne, sur plusieurs raisins, et évidemment causés par le fil sujet de mes observations.

Je fis part de mon ouvrage aux principaux propriétaires de Fronton; MM. *Souques* et *Lafont* me dirent qu'ils avaient toujours reconnu que le fil *couleur* dévorait les raisins.

L'on me désigna et m'engagea d'aller visiter un propriétaire, qui récolte, dit-on, 500 futailles de vin, mesure de Fronton, c'est-à-dire, 1600 hectolitres; je fus curieux de connaître son avis. Je me transportai chez lui un dimanche; je lui fis part de mon ouvrage, il le lut devant moi, et me dit, comme tous les autres bientenans, qu'il avait toujours reconnu que les fils dont je parlais, enlevaient une partie de la récolte vinaire; que lui-même coupait avec ses ongles tous ceux qu'il rencontrait dans ses courses parmi les vignes; qu'il n'avait point donné à l'opération l'importance qu'elle méritait, mais qu'à la saison prochaine il l'essayerait en grand sur ses nombreux vignobles.

Cet homme respectable, qui est d'un certain âge, se nomme M. *Belmont-Lafite*, propriétaire d'un beau château sur la route de Toulouse à Fronton; il est très-instruit sur la partie des vignes.

J'allai ensuite à Villaudric, le jour de la fête locale.
Je trouvai les paysans assemblés pour leurs amuse-
mens champêtres ; je parlai à quelques-uns de ma
méthode, pour connaître leur avis à ce sujet. Le nommé
François Bousiguet, paysan vigneron, ancien soldat,
habitant à Villaudric, dit aux autres paysans : Monsieur
a raison, ce qu'il vous dit est vrai ; ayant servi en
Italie, j'ai vu pratiquer sa méthode dans ce pays-là ;
les Italiens même, ajouta-t-il, se préservent aussi du
brouillard, par l'extraction du fil *couleur*. Cet homme
que le hasard me procurait, me fit le plus grand
plaisir dans ses narrations, et m'aida fort à engager
ces vignerons à procéder, le 15 mai prochain, suivant mes vues et leurs intérêts.

Les principaux propriétaires se munirent de mes
ouvrages ; je fis voir à certains d'entr'eux, sur leurs
souches mêmes, les dégâts sans nombre, et dont ils
furent étonnés, occasionnés par les fils dont il s'agit ;
ils me dirent qu'à la saison propice, ils pratiqueraient
sur leurs beaux vignobles mon procédé.

Je me suis ensuite rendu dans l'arrondissement de
Muret, pays aussi très-vignoble ; il paraît que dans
cette contrée, la méthode était totalement ignorée.
Plusieurs des principaux propriétaires se munirent
de mes ouvrages, et mettront, au mois de mai prochain, le procédé en pratique.

A Toulouse, M. *Guizet*, employé à l'entrepôt de
tabac, rue Bouquières, ayant pris connaissance de
mon ouvrage, me dit qu'en Allemagne, où il a été,
l'on coupait les fils des raisins, et que les Allemands
les appelaient *bormo* ; ce mot, en patois de notre pays,
signifie *gourme*, et l'étymologie du mot est bonne,
et bien appropriée à mon sujet ; ils ont raison, ce fil
est véritablement la gourme, ou la petite vérole des

raisins : l'extraire, est en avoir deviné la vaccine ou le préservatif.

A Toulouse, un ancien militaire d'un grade supérieur, et qui a servi en Corse, a dit que dans cette île, l'on coupait les fils des raisins, que l'on avait reconnu leur préjudicier considérablement.

M. *Merle*, propriétaire, habitant à Saint-Sulpice de Léat, agriculteur distingué et intelligent, était en 88 et 89, militaire en Corse ; il me dit, le 5 février 1821, avoir vu pratiquer mon procédé des fils des raisins dans cette île. Les insulaires Corses se préservent de la coulure de la vigne, et des brumes épaisses de mer, par l'extraction des fils sujets de mes observations.

M. *Coussurand*, logé à Toulouse, n.º 2, rue des Cordeliers, près le temple du culte réformé, propriétaire de plusieurs domaines vignobles, mais ayant son principal manoir dans la commune de Verdun, à Savanés, m'a dit qu'il pratiquait avec un grand succès mon opération depuis 3 ans sur ses vignes ; il a remarqué sur-tout une efficacité étonnante de l'extraction des fils sur ses jeunes vignes, nommés vulgairement plantiers ; des citations aussi respectables et aussi authentiques, et dont tout le public peut prendre connaissance, et en parler à ces messieurs, sont-elles évidentes pour décider les routiniers à opérer.

M. *Miégemole*, marchand drapier, rue des Changes, à Toulouse, me dit avoir cette année fait couper les fils de ses raisins, et avoir été étonné de leur énorme grosseur et de leur beauté.

M. *Desessars*, receveur de l'enregistrement, logé sur la place Royale, m'a dit pratiquer ma méthode depuis long-temps.

M. *Laforgue*, fabricant de papier peint, rue de la

Pomme, m'a dit que depuis dix ans il coupait les fils *couleurs* de ses raisins avec succès.

M. *Portet* dit *Comtois*, maréchal ferrant, logé dans sa propriété, rue Pré-Montardy, n.º 19, étant pour son état à Bonnes, ville de la Bourgogne, avait entendu dire chez son bourgeois, que l'on coupait les fils des raisins, pour préserver la vigne de la coulure et du brouillard.

Il paraîtrait alors, que dans ce pays-là, d'après le dire de ce monsieur, qui coïncide avec celui du soldat bourguignon, qui l'apprit à M. *Raynal*, à Albi, dans la Bourgogne, le procédé serait depuis long-temps en vigueur ; ce qui prouve évidemment qu'il est bon, solide et consacré par l'expérience la moins douteuse.

Je ne finirais pas s'il me fallait nommer et citer tous les propriétaires qui, même cette année, d'après l'édition de mon premier ouvrage, ont été émerveillés de l'efficacité du procédé, l'ayant mis en pratique ; en citant encore, je craindrais d'avoir l'air d'un auteur peu assuré sur la matière qu'il traite ; tandis que je suis sûr de ce que j'avance ; et si j'ai donné des citations nombreuses et respectables, c'est que je ne crains point les détracteurs à ce sujet ; l'expérience en ferait justice sévère.

J'ose espérer que les personnes que j'ai nommées dans mon ouvrage, n'en seront point fâchées ; au reste, je n'ai raconté que la vérité de ce qu'ils m'ont dit, et en étant mémoratifs et tâtant leurs consciences, ils diront en eux-mêmes : L'auteur dit vrai. D'ailleurs une idée plus élevée s'emparera de leurs âmes, ils se diront : L'intérêt général guide l'auteur dans cette conjoncture, cela est assez pour ne pas être fâché d'être nommés, car il n'a rapporté que ce que véritablement nous lui avons dit. Tous les propriétaires désirent voir clair, avant de se constituer en frais, les citations de mise en usage, et le moyen de décider ceux qui ont des doutes sur la bonté des procédés nouveaux.

Au reste, le mot d'intérêt général, pour décider les plus routiniers, veut des citations; et les noms, tous respectables, des individus nommés, ne peuvent que déterminer les plus gothiques, à procéder d'après leurs vrais intérêts, en suivant sur leurs vignes ma méthode évidente.

De manière donc, que ce que je veux faire exécuter est péremptoire; ce n'est pas même une expérience à faire, c'est une chose claire, et encore quoique naissante dans notre contrée, elle a déjà acquis la force et la solidité des vieux procédés.

Il est sûr que les propriétaires des vignes augmenteront considérablement leur récolte vinaire; tous les dires des individus, tous en général connaisseurs et recommandables , corroborent et affermissent mes ouvrages et mes procédés, qui sont sûrs, lucratifs et solides pour les propriétaires.

Je n'ai été, ni en Italie, ni en Corse, ni en Allemagne; je n'ai lu ma méthode dans aucun auteur; peut-être dans le temps à venir, et quand, dans nos belles contrées vignobles, l'expérience aura définitivement fait voir clair aux routiniers, pourrai-je alors me flatter d'avoir rendu un grand service à mon pays, en propageant un procédé, qui enrichira les propriétaires des vignes.

Je connais mieux que jamais l'esprit des bientenans ruraux; il leur faut des preuves matérielles pour les engager à mettre en pratique un procédé nouveau; ils ont raison, je suis de leur avis.

C'est par cette raison que j'entasse et accumule *preuve* sur *preuve*, *citation* sur *citation*, jusques même aux numéros des maisons de certaines personnes citées, pour faire voir clair , et décider en faveur de leurs plus chers intérêts, les plus enterrés dans la routine antique , et pour qu'ils se méfient de ces gens, qui ne voudraient que l'on mît en usage que les procédés dont ils sont les auteurs , ou les complaisans prosélytes ; ils ressemblent à Pygmalion devant sa statue.

Au reste, je déclare avec vérité, que je n'ai trouvé personne qui s'opposât à mes vues , au sujet du fil *couleur* ; j'ai rencontré des raisonneurs , au lieu de raisonnans ; mais tout leur verbiage quelquefois mal conçu et peu digéré, a mis bas les armes devant la supériorité de la méthode.

Il me restait une chose fort essentielle à décrire, d'une manière satisfaisante. Certains propriétaires éclairés, et j'ose dire savans en agriculture, qui me veulent beaucoup de bien, m'ont témoigné qu'ils étaient convaincus , quant à l'extraction du fil *couleur* pour l'empêchement du filer de la vigne, ou du couler ; mais qu'ils seraient bien aises que je démontrasse d'une manière claire , comment mon procédé préserve aussi les vignobles du brouillard ; je leur répondis que 20 et 60 ans d'expérience se prononçaient en ma faveur, mais que dans ma troisième édition , je décrirais, d'une manière que je croyais concluante avec le secours de la botanique, ce qui pouvait être douteux à ce sujet ; je vais leur tenir parole.

Explication botanique sur le préservatif du brouillard , quant aux vignobles , par l'extraction du fil couleur *ou* rongeur.

D'abord, en coupant le fil dont s'agit, auquel je donne les noms de *couleur , rongeur , dévorant , interceptant des sucs nourriciers , et absorbant la sève vinaire* ; tous ces termes d'un caractère destructif et préjudiciable, lui sont attribués à juste titre dans mon ouvrage, par ma manière de penser sur son compte.

J'accélère la floraison, et par conséquent la fructification, par la forte constitution que prend de suite le raisin, le suc végétal n'étant plus intercepté par lui, et se portant alors sans intermédiaire au raisin, et sans embarras; par ce moyen, la fleur des raisins qui arrive 20 jours au moins avant l'époque accoutumée, évite les pluies périodiques, brouillards ou orages nombreux de la fin du mois de juin, entre la saint Jean et la saint Pierre, du 24 au 3o dudit mois, époque à laquelle tous les propriétaires agriculteurs frémissent tous les ans dans nos contrées, pour toutes récoltes, tant céréales que vinaires et autres.

Lesdites pluies, brouillards ou orages, ne mouillent pas aux raisins le pollen ou poussière séminale, n'empêchent pas les étamines de le verser sur le pistil, et la nouure des raisins s'opère ainsi; j'obtiens alors de cette manière, par l'extraction du fil *couleur*, l'avantage d'avoir évité ces désastres, et d'avoir obtenu le but que je m'étais proposé par mon essentielle opération.

Au reste, la coulure des fruits, des grains et l'avortement des fleurs n'ont lieu que parce les poudres fécondantes sont lavées par les pluies, enlevées par les vents, ou distraites et secouées par un accident quelconque.

N'y a-t-il pas dans nos contrées un vieil adage qui dit, que s'il pleut le jour de la Trinité, le 12 juin environ, la récolte en blé diminue de moitié ? il n'est point dénué de fondement en entier.

C'est que cette céréale est ce jour-là en fleur, du moins en grande partie, sauf les recrues que l'on appelle en palois *les pagés* ; elle n'y reste guère que vingt-quatre heures, et qu'alors la pluie lave cette poussière bleuâtre, qui est la poudre fécondante du froment, et en fait couler le grain. Il est bien positif que si la nature opère sa fecondité sur le blé, sans pluie, grands vents, ni brouillards, la récolte sera plus considérable, parce que la nouure des grains se sera opérée sans accident : cette comparaison est, je crois, appropriée à mon sujet.

Messieurs les propriétaires des vignes, faites une expérience simple, et qui peut-être sera à vos yeux plus concluante que tous les raisonnemens botaniques : coupez sur la même souche le fil à deux raisins, laissez-les à deux autres. Je suppose qu'elle en ait quatre, vous verrez que les premiers seront gros et bien nourris, à moins d'accident, vous les aurez à la récolte ; au lieu que les deux autres auront peut-être totalement disparu, ou seront dans le piteux état du raisin n.° 7 de la gravure, page 49, et alors vous vous apercevrez que le procédé évite aussi le brouillard, puisque tous les raisins de naissance existent lors de la maturité ou des vendanges.

Faites même cet essai à un endroit de vos vignobles les plus sujets aux brouillards ; comptez les raisins de certaines souches ; s'ils existent tous d'après notre opération à la récolte, certes alors ils auront résisté aux brouillards. L'expérience n'est ni coûteuse, ni embarrassante.

Je pense que quatre femmes que l'on aurait dressées à l'opération, exécuteraient le travail de l'extraction des fils sur un arpent de vignoble dans un jour. Au reste, plus les vignes seront fécondes, plus il faudra de journées, mais aussi plus la récolte vinaire sera considérable. Je parle de quatre femmes pour les vignobles ordinaires.

Assurément à Fronton et Villaudric, où un arpent de vigne ne rapporte qu'une ou deux pièces de vin de 5 hectolitres environ chacune, l'opération sera moins coûteuse qu'aux environs de Toulouse, aux Ardennes, Saint-Simon et Cugnaux, où quelquefois un arpent donne de 5 à 6 futailles de la même contenance ; au reste, le propriétaire qui aura le plus à dépenser en journées pour le travail, aura aussi le plus de revenu en récolte vinaire, car il l'augmentera considérablement.

A Bordeaux, les vins de Sauterne, de Brassac, de Lafite, de Château-Margot, d'Aubrion, du Médoc, etc., vaudront, certes, bien la peine d'extraire des raisins les fils dévorans, car ces qualités de vin se vendent fort cher ; en tierçant la récolte vinaire, l'on tiercera aussi les revenus en argent.

Ainsi quatre femmes coûteront 2 francs par arpent, à 10 sous la journée de chacune ; nos raisins ici se vendent, et je pense qu'ailleurs c'est à peu près, 3 à 4 francs la corbeille sur nos places. Ainsi quel est le propriétaire qui n'aura pas 50 corbeilles de raisins de plus par arpent, s'il coupe le fil *couleur*, cela sera une chance à courir qui n'est pas coûteuse, et qui n'offre qu'un bénéfice certain, sans aucun embarras ni danger.

Il y a même d'autres avantages réels, en pratiquant mon opération ; plus bas nous indiquerons, en les expliquant, certaines particularités topographiques.

Les vins du Bas-Languedoc, du Roussillon, de Cahors, du Rhône, de Bourgogne, de Champagne, etc., valent aussi-bien la peine d'en augmenter par l'extraction des fils des raisins, la quantité. Au reste, les contrées où les propriétaires exécuteront le procédé, feront la loi, quant aux prix, aux autres à qualités égales, parce que, ayant une plus grande quantité de vin, elles pourront vendre au rabais.

Tant

(33)

Tant pis pour les gothiques routiniers , entêtés, ou d'un esprit paresseux, ils y perdront une grande portion de leurs revenus, s'ils n'exécutent pas ma méthode sur leurs vignobles.

Il y a une observation fort essentielle à faire, et qui n'échappera pas aux hommes lumineux et observateurs réfléchis.

Par mon opération de l'extraction du fil *couleur*, je hâte la fructification du raisin. Alors accélérant cette fructification de vingt jours au moins, et peut-être d'un mois, je hâte aussi de la même époque la maturité des raisins, et par conséquent les vendanges.

Les pays au nord de la France, les vignobles montagneux que les premières gelées blanches saisissent, empêchant alors la maturité des raisins, comme par exemple le département de l'Aveyron, et autres, en pratiquant l'opération , se préserveront de la non maturité de ces fruits, et au lieu d'avoir des vins verts et acides, d'un goût presque impotable, auront, parce que les raisins auront mûri, de bonnes qualités de vin, comparables à celles des autres contrées vignoles, et par mon évidente opération, corrigeront ce que leur position topographique avait de préjudiciable à leurs intérêts et à leur santé.

Ma méthode mérite donc d'être prise en considération, en particulier, dans les pays où le défaut de maturité des raisins, et les pluies, privent trop souvent les propriétaires de leurs plus chères espérances.

Continuons nos essentielles remarques , et prouvons que nous sommes connaisseurs praticiens ; la vigne, par mes opérations au nombre de quatre, aura un avantage inappréciable ; un vignoble qui était usé et vieilli à 60 ans, ne le sera pas à 80, parce que, ayant extrait le fil *couleur*, ayant pincé les têtes des sarmens, ayant épampré, c'est-à-dire, coupé les sar-

C

mens du bas des souches, non porteurs de raisins, ayant élagué les racines superficielles, qui empêchent le pivot de s'enfoncer profondément ; la souche aura tout cela à nourrir de moins, produira plus, et vieillira plus tard.

Faisons toujours des comparaisons, qui, quoique triviales en apparence, ne laissent pas à mes yeux que d'être applicables à mon sujet.

Laissez à une femelle d'animal domestique six petits à nourrir, elle sera étique, ses nourrissons seront presque nuls, et peut-être périront lors de leur croissance, par la mauvaise constitution qu'ils auront acquise, partageant les sucs nourriciers avec trop de sujets allaités de la même source.

Au lieu que si vous ne lui laissez qu'un ou deux sujets à élever, tout prospérera, la mère sera à même de faire plusieurs portées avantageuses, et parviendra à un âge plus avancé.

La souche est la même chose ; ne lui laissez en extrayant tout le rongeur, que le fruit, vous la ménagez, elle se conserve en santé végétale, vieillit plus tard, et vous procure plus de produits, n'ayant plus à nourrir les parties extraites.

Propriétaires d'excellens vignobles, pesez avec attention tous ces différens avantages amélioratifs, il vous sera aisé de sentir que vous y gagnerez sous tous les points de vue, et vous n'aurez aucune chance hasardée ou défavorable à courir ; toutes mes opérations tendent à l'économie rurale, et au bien de la chose.

Vous augmenterez considérablement la récolte vinaire, vous hâterez la maturité des raisins, vos vignobles, par mes différentes opérations, seront en plein rapport pendant 20 ans de plus que par le passé, vous jouirez de tous ces avantages sans presque aucun frais ; ayant aidé les souches à pivoter profondément, vous les garantirez en grande partie du froid rigoureux et des chaleurs excessives de la canicule, qui les font périr, surtout dans les pays où on les fume.

Laissons un instant le sérieux et l'utile, et passons à une comparaison gaie, facétieuse, et applicable à mon sujet.

Le fil *couleur* fait sur le raisin l'effet de l'officier au souper de M. Deschalumeaux ; tous deux par leurs positions intermédiaires interceptent les sucs nourriciers.

Revenons aux observations sérieuses.

Par le pincement de la vigne, c'est-à-dire, la coupure des têtes des sarmens, les vignobles sont moins sujets à la casse occasionnée par les vents ; lesdits sarmens étant moins longs, donnent moins de prise aux ouragans qui quelquefois font des ravages considérables ; opération qui est aussi à réfléchir, et à apprécier en faveur du procédé.

L'on m'a fait verbalement quatre objections auxquelles je dois répondre par écrit, parce que souvent certaines gens ennemis des nouveautés et peu connaisseurs, se laissent décourager ou séduire par des raisonnemens qu'ils croient justes ; c'est, au reste, les seules dont l'on m'ait parlé, au sujet du fil *couleur ;* elles sont si peu solides, qu'il ne faut que les détailler et les réfuter avec justesse pour les détruire à jamais. Ceux qui me les ont faites, m'ont paru d'après cela peu ferrés sur les matières vignobles ; et, sans doute , ne pouvant détruire l'évidence de mes procédés , ils ont voulu chicaner le terrain solide sur lequel ils sont établis.

1.º Le premier m'a dit que la méthode était bonne, mais qu'il croyait que ce fil n'agissait que comme partie gourmande ; c'est déjà convenir de beaucoup ; il faudrait même, sous ce rapport, s'en défaire en l'extrayant ; celui-là n'est pas envieux d'une récolte considérable en vin.

2.° Le second a prétendu qu'il valait mieux laisser agir la nature ; c'est celui qui a erré le plus fortement ; il n'est pas naturaliste.

3.° Le troisième assurait qu'il fallait laisser les fils dont je traite, parce qu'ils servaient à accrocher les raisins aux sarmens, raison à mes yeux de plus pour les couper ; il prétendait qu'ils les garantissaient des vents ; celui-là a confondu les fils des sarmens avec ceux des raisins qu'il ne connaissait sans doute pas.

4.° Le quatrième, enfin, tout en convenant de la bonté de l'opération, disait, qu'elle n'était praticable que sur des treillages ; celui-ci n'a sans doute étudié la partie vignoble que dans les jardins, le long des murailles , où les treilles sont adossées.

.. Il faut donc répondre à ces objections, en respectant toutefois l'opinion de tout le monde, et critiquant modérément dans des vues d'intérêt général , ne regardant ces réflexions que comme dissidences d'opinions agricoles.

Je réponds au premier qu'il se trompe, qu'il confond le fil des sarmens , avec ceux des raisins , attachés au support de leurs grappes ; que par sa malheureuse position , il ne peut être regardé comme seulement gourmand , car sa situation intermédiaire entre le sarment et le raisin , lui donne à mes yeux une fatalité destructive, autrement nuisible ; car il est évidemment, même en ne le considérant que comme partie gourmande, principe interceptant du suc vinal et nourricier; c'est ce qui me l'a toujours fait regarder, et j'ai fait cette remarque judicieuse avec tous les vrais vignerons praticiens et fidèles observateurs, comme enlevant chaque année par la coulure dont il est la cause, et les brouillards, une grande partie de la récolte vinaire.

Ainsi ce sont les fils des sarmens qui sont les gourmands ; l'autre, est principe destructif des raisins ; l'extraire, c'est les préserver de la coulure du brouillard et de la non maturité. Il faut le couper, ou continuer de perdre chaque année au moins un tiers de nos vins.

Pour répondre au second, je lui observerai que sa manière de voir est vicieuse dans son essence, et que lui-même s'écarte chaque année de son principe ; je lui conseille de laisser agir la nature, de ne pas tailler les vignes, de ne pas épamprer, de ne pas tailler les arbres à fruit, de ne pas greffer les sauvageons, de ne pas sarcler les blés, etc. ; alors il laissera agir la nature, qui lui refusera chaque année, parce qu'on l'aura laissée agir à son gré, que l'on ne l'aura ni aidée, ni soignée, des fruits que recueillira abondamment celui qui l'aura cultivée et soulagée, et qui aura par conséquent retranché tout ce qui dévore le bon et l'utile, c'est-à-dire, les fruits et grains de toute espèce.

Il faut au contraire faire l'éducation, et corriger les vices et défauts du règne végétal ; et voilà ce qui s'appelle agriculture, c'est-à-dire, culture des champs, jardins et autres lieux végétatifs, soins vigilans et constans des grains et fruits qu'ils rapportent ; si nous laissions agir la nature, il n'y aurait plus d'agriculture.

Il faut que le vieil adage s'oublie au sujet du caractère de l'homme enclin à revenir aux vices ou défauts de sa mauvaise nature, ou à des routines d'agriculture ; il dit :

Quand, la fourche à la main, nature on chasserait,
Nature cependant toujours retournerait.

Il faut vivement espérer qu'en agriculture les procédés évidens chasseront définitivement cette mauvaise nature vieillie, ou mauvaises méthodes, préjudiciables aux vrais intérêts des propriétaires, qui est la nature paresseuse, routinière, peu intelligente, et assujettie à de mauvaises méthodes gothiques, et peu productives. Le règne végétal est, à mes yeux, comparable au règne animal : quand l'on a découvert la vaccine, l'on n'a pas laissé agir la nature, qui agissait fort mal, par la petite vérole ; lorsque un homme est attaqué d'une maladie grave, les remèdes chimiques, physiques ou botaniques, corrigent ce que la nature avait en lui de défectueux, ou d'accidentel.

Si nous laissions agir la nature, nous mourrions sans secours comme les brutes, quant au règne animal ; et en la laissant agir à son gré, touchant le règne végétal, nous perdrions chaque année moitié de toutes récoltes *céréales, vinaires, fructueuses,* ou *légumineuses.*

Il n'y a dans ce vaste univers rien de parfait que Dieu créateur de toutes choses, et c'est particulièrement dans les mystères étonnans de la génération des plantes de toute espèce, qu'il faut porter un œil philosophiquement religieux, et rester confondu devant la suprême majesté du Créateur.

Tout ce qui a été produit par une main invisible, mais sûre, a besoin dans ses maladies ou vices végétaux, et animaux, des secours des sciences et des arts, et sans nous arrêter plus long-temps à des raisonnemens vingt fois détruits par l'évidence.

Hâtons-nous, à la saison prochaine, de délivrer les raisins de leur ennemi juré ; au reste, celui qui ne procédera pas d'après mes vues, sera bientôt entraîné par l'exemple du voisin laborieux et intelligent, qui aura extrait de ses vignes le fil *couleur,* parce que dès la première année, lors de la récolte, il verra évidemment l'augmentation des produits.

Un vigneron m'a dit qu'il avait considérablement

augmenté la récolte en vin, par le pincement de la vigne ; il a convenu franchement qu'il ne connaissait pas le procédé de la coupure des fils ; jugez, puisqu'il a acquis une augmentation par le pincement seulement, comme il réussira davantage en enlevant de ses vignobles le principe interceptant des sucs nourriciers des raisins.

Je dis au troisième, que puisque le fil dont il parle et dont il ne connaît assurément pas le principe nuisible, disant qu'il doit être conservé pour accrocher le raisin au sarment, est à mes yeux une raison de plus pour l'extraire, et je vais, je crois, prouver qu'il faut connaître une matière avant d'en raisonner. Il a confondu les fils des sarmens avec ceux des raisins ; car en accrochant le raisin au sarment, il arrive que les grains de ce fruit sont comprimés contre un corps dur (le sarment), et alors tous les grains du côté accroché sont serrés, gênés, ne peuvent avoir une bonne floraison, et sont perdus ou détruits par la raison même de l'accrochement.

Il faut, au contraire, dans la croissance des fruits généralement quelconques, leur laisser une pleine et entière liberté, pour que les sucs nutritifs puissent aisément circuler dans toutes les parties fructueuses, et leur donner alors par leur libre circulation, une bonne et entière constitution, qu'ils n'obtiendront jamais, s'ils sont gênés et comprimés par l'ingénieuse idée de l'accrochement.

Jamais les vents n'ont cassé des raisins, qui n'ont point besoin d'être accrochés ; ils cassent les sarmens, pendant des orages violens, ou ouragans, et c'est pour cette raison, que je n'ai point prescrit de couper les vrilles des sarmens, qui sont celles qui s'accrochent entre elles, consolident les pampres, et sous ce rapport, les garantissent un peu des vents : à propos de rent, ne nous laissons pas agiter l'esprit par les vents des fausses doctrines agricoles.

Ce raisonnement est d'un homme qui fait comme les fils dont il parle, il s'accroche aux branches, n'ayant rien de mieux à arguer contre mes évidens procédés.

Pour répondre au quatrième, je lui dirai que puisqu'il m'a dit que mon procédé n'était praticable que sur des treillages, il s'est égaré d'une manière étrange de la voie agricole touchant les vignobles ; il faut lui enseigner, en passant, sans le fâcher, que la treille n'est qu'une souche allongée ou élevée, et contenue par des supports, et que tout le monde fera d'une souche, une treille avec du temps ; et que tout ce qui est bon, utile, praticable et approprié à tous ces différens cepages, le sera aussi par l'analogie qui existe entre eux, à toutes sortes de vignobles, avec des bras suffisans et le temps raisonnablement nécessaire.

Pour lui donner des preuves plus fortes et anéantir son objection, quant à ce, il faut lui citer des vignes où l'opération est en vigueur depuis long-temps avec un succès complet et authentique.

Le sieur *Ardenne*, de Renneville, arrondissement de Villefranche, Haute-Garonne, propriétaire d'un petit domaine appelé *Langlés*, coupe depuis 10 ans les fils *couleurs* de ses raisins, et sur trois quarterées de vigne, c'est-à-dire, un arpent moins un quart, récolte chaque année, d'après ses dires, 54 comportes de vendange, qui lui produisent, mesure du Lauraguais, 24 charges de vin d'un hectolitre chacune, c'est-à-dire, 24 hectolitres ; de manière, calcul fait, que la production de cette vigne serait, aux environs de Toulouse, de 9 futailles de 100 pégas, à quelques litres près, par arpent, car cela produirait 2880 litres à 320 la futaille.

Ce qu'il faut remarquer avec attention, c'est la position topographique de ce petit vignoble ; je la connais beaucoup ; il est situé entre la rivière de Lhers, et attenant un petit ruiseau ; il est donc évidemment entre deux rivières, dans un bas-fonds, il devrait par conséquent brouillarder presque chaque année : ce qui le sauve clairement de ce désastre, est l'extraction du fil *couleur*; car, il faut encore le dire, il existe dans un pays peu propre à la vigne (le Lauraguais).

Dans le même village, le nommé *Bernard Barthelemi*, maçon-charpentier, m'a dit, le 15 décembre 1820, que de père en fils dans sa famille, c'est-à-à-dire, depuis 60 ans, l'on coupait les fils des raisins, et que 5 quarterées, ou un arpent et quart, ont rapporté 120 comportes de vendange ; il fait pratiquer chaque année, par sa famille qui est nombreuse, mon opération : ses enfans vont exécuter, avec leurs ongles, le procédé à la saison propice. Une partie de ses vignes est située le long de la rivière de Lhers, près d'un moulin à eau ; car elle fut submergée en 1819, et sûrement le brouillard enleverait chaque année la récolte, sans la précaution de l'extraction du fil *couleur*.

Ainsi, voilà des vignes, et non des treilles, Messieurs les systématiques à routine ruineuse.

Pratiquez donc cette méthode évidente, consacrée par de telles expériences, et abandonnez vos idées gothiques et peu productives.

Ceci est du nouveau dans nos contrées; mais c'est du vieux nouveau, c'est-à-dire un procédé établi d'une manière positive, par la plus claire et la plus solide expérience.

Le savant agriculteur, comte *Louis de Villeneuve*, a pris pour devise qu'expérience passait science ; et je dirai, moi, à propos d'expérience, que de telles

expériences surpasseront et anéantiront vos raisonnemens.

Ainsi les quatre objections sont anéanties, ce sera à
un public juste, raisonnable et connaisseur, à juger si
mes réponses sont appropriées, et à suivre mes avis
ou ceux des individus objectans.

Je crois pouvoir assurer, qu'aux yeux de ces hommes que le solide occupe, le jugement sera bientôt
porté en faveur de l'évidence, et qu'ils ne reconnaîtront de ces objections, que des raisonnemens de
gens peu connaisseurs, purement éphémères, et par
conséquent des *mort-nés*.

Une autre observation qui m'a été faite, et que je
n'ai pas voulu classer, tant je l'ai trouvée dénuée de
fondement, est celle-ci :

L'on m'a dit : Votre procédé est évident, clair
et excellent; mais nous le trouvons impraticable en
grand sur des vignobles considérables, attendu le
manque de bras.

J'observe d'abord que tout le monde en général
trouve le procédé évident; voilà, sans avoir besoin
de recourir aux moyens persuasifs ni à une logique
très-serrée, prouver que j'ai raison quant au *fait*.

Il faut subséquemment discuter d'une manière ra-
pide les moyens exécutifs.

J'ai déjà dit que quatre femmes, et j'ai parlé de
femmes parce que leurs journées coûtent moitié moins
que celles des hommes, et que pour couper des fils
tendres et verts avec des ciseaux, leur journée sera
aussi laborieuse que celle des hommes. Ainsi ces
quatre femmes dressées à l'opération, et qui coûteront
2 francs par arpent, par jour, à 10 sols la journée de
chacune, exécuteront le procédé sur la surface vignoble désignée.

Je conviens qu'il faut, la première année, les montrer; mais, d'après mon ouvrage, l'on ne peut se méprendre, et une fois l'opération faite sur dix souches, ce ne sera plus qu'un pur mécanisme sur tout le reste, et elles seront instruites *ad hoc* pour toute leur vie.

De manière que quatre ouvrières sont faciles à trouver; et certes, quel est le propriétaire qui ne les a pas chez lui? du 1.ᵉʳ au 15 mai, dans les environs de Toulouse, où il faut opérer à cette époque, il y a 15 jours; et quatre femmes pourraient donc exécuter le procédé pendant ce court espace de temps sur 60 arpens de vigne, et coûteraient pour tout ce travail 120 francs. Parce que, à 2 francs par arpent, deux fois 60 font 120. Je pense même que 120 francs dépensés de cette manière, porteraient sur 60 arpens de vigne leur capital; ne les considérant qu'à cinq pour cent, comme intérêt, 120 francs font un capital de 2400 francs, et sur soixante arpens de vigne, si l'on tierce la récolte vinaire, il ne serait pas étonnant d'augmenter de cette somme le revenu. Ce serait cinq louis placés à un gros intérêt.

L'on trouve bien des bras suffisans pour les vendanges. Pour mes procédés, il faut deux tiers de moins de monde; et s'il faut pour vendanger quinze personnes, il n'en faudra alors que cinq pour extraire le fil couleur. Car, pour cette méthode il ne faut que couper les fils et passer rapidement, au lieu que pour vendanger, il faut couper les raisins, les porter dans des comportes, conditionner ces comportes, les charger sur des voitures, les presser; et enfin le travail n'est pas comparable, car, pour mon procédé, il ne faut, une fois dressé, que passer rapidement et couper. L'on peut même employer des enfans de dix ans environ, que l'on aura montrés.

Vous voyez donc votre hydre, n'être, en le décomposant, qu'un fantôme illusoire, et le moyen exécutif très-facile.

Au reste, la façon d'épamprer est à part, les femmes ne sont chargées que des fils et des têtes des sarmens à couper; quant à l'épamprage, ce travail s'exécute par les brassiers qui donnent à la vigne la dernière façon, c'est-à-dire en patois *lé caoussa*, chausser en français.

Dans le Bas-Languedoc, à Beziers, Narbonne, etc., le raisin blanc, d'où provient un vin très-bon que l'on appelle la clairette, et à Limoux la blanquette, coule ou file presque chaque année; cependant ce sont des vins de commerce, et très-précieux par leur prix; en coupant les fils de ces qualités de cepages, qui sont très-filardes ou couleuses, je pense que l'on fera plus que d'en tiercer la récolte.

Faites des essais, MM. les propriétaires des vignes, et si vous commencez une année, vous continuerez toute la vie, tant vous serez convaincus que vos intérêts vous y engageront fortement. Vous augmenterez vos revenus d'une manière claire sans vous exposer au moindre danger, car mes procédés sont fondés, comme vous le voyez par mon ouvrage, sur une expérience longue et solide.

Au reste, j'aperçois partout l'opération dont je parle se pratiquer chaque année, sans que l'on y prête attention.

Chaque jardinier n'a-t-il pas le soin de couper les fils des fraisiers, et d'isoler les pieds de ces plantes? sans cette précaution, l'on n'aurait que quelques recrues de plus, et un bois entrelacé de fraisiers, mais pas un fruit; les fraises seraient dévorées par la substance usurpée par les fils, les sucs nutritifs se portant en longues filures.

Ne coupe-t-on pas les fils de melonniers, et ne

pince-t-on pas les tiges de cette plante rampante et fileuse, pour arrêter la sève ? sans cela encore, longue filure et pas un fruit, ou du moins de bonne qualité.

L'on arrête aussi en pinçant les tiges des plants de fèves, et autres, pour que les sucs qui se seraient portés à filer dans le haut, rétrogradent sur le fruit, et le grossissent considérablement.

Au reste, cette opération garantit les fèves de ces poux noirs, qui rongent, désolent ce légume grossier, et font perdre une partie de cette récolte.

Il est clair que chaque genre de récolte paraît avoir son ennemi, ou son vice; l'on voit dans mes ouvrages, que le raisin a évidemment le fil *couleur*. L'on verra paraître dans le temps un autre ouvrage, auquel je travaille, au sujet d'un insecte frugivore très-préjudiciable, qui est la chenille des vignes, dont on se plaint si fort, avec juste raison, aux environs de Toulouse, et le long des côtes de la méditeranée (département de l'Hérault). Dans ce pays, après certaines brumes de mer, la chenille des vignes se répand sur les souches, s'enferme dans une feuille de vigne, s'y clôture par une toile semblable à celle des araignées, y enferme avec elle le jeune raisin, qui lui sert de pâture pour sa couvée; les habitans de ce pays l'appellent *babote*.

Plusieurs propriétaires qui ont lu mes ouvrages, m'ont engagé à étudier avec attention les caractères de cet insecte, et de tâcher de découvrir un moyen préservatif, ou destructeur, de cet animal préjudiciable.

Je le fais avec zèle, et peut-être parviendrai-je à atteindre le but que je me propose, pour l'utilité générale. Du moins, je ferai pour cela tout ce que mes faibles moyens me donneront de ressource, pour atteindre ce but essentiel ; mais je ne produirai mon travail *ad hoc*, qu'avec des moyens sûrs et évidens ; sans cela j'aimerai mieux le garder devers moi.

Les chenilles sont les insectes les plus préjudiciables aux fruits de la terre ; les arbres en sont quelquefois couverts ; une loi ordonne l'échenillage. Les sainfoins, ou luzerne, sont quelquefois aussi couverts de ces chenilles noires ; et si l'on ne prenait de suite la précaution de faucher ce fourrage, dès que l'on s'aperçoit de cette calamité, l'on n'aurait dans 24 heures, que des jambes de cet herbage, et les feuilles seraient totalement dévorées ; ce serait alors le bon et l'utile qui disparaîtrait, il ne resterait que le tronc.

Jusque dans les jardins , les gros choux ont une grosse chenille verdâtre de la grosseur du petit doigt.

Ainsi, tous les végétaux ont leurs ennemis ou leurs vices ; les racinages ont les vers de terre, les grains ont leurs insectes , le blé est aussi atteint du charançon, ou *cussou,* etc.

Les animaux mêmes ont chacun leur ennemi particulier.

Ainsi c'est à l'étude des préservatifs , tant pour les végétaux que pour les animaux, que l'homme observateur, ou qui veut le devenir, doit porter un œil attentif, et studieux, et s'attachant à poursuivre par un travail constant et assidu chaque genre de défaut, l'on parviendra à augmenter les récoltes , en les préservant des désastres sans nombre dont elles sont susceptibles , et des vices en elles inhérens ou accidentels.

L'étude et le travail conduisent à toutes les sciences et à toutes les découvertes.

Chaque année aussi, sans laisser agir la nature comme le désirait un individu, l'on arrête ; lors de la taille, les arbres à fruits, pour qu'ils soient en état de produire.

Sans cette opération, l'on n'aurait que du bois, et pas des fruits ; les branches gourmandes enlèveraient chaque année, aux hommes vraiment gourmands, ces fruits délicieux si utiles et si agréables à la vie animale.

Toutes ces différentes opérations comparatives, s'adaptent essentiellement à mon sujet, et il n'est personne qui ne reconnaisse que ces comparaisons ne soient à leur place au sujet de l'extraction du fil *couleur*.

Plusieurs personnes ayant confondu les fils *couleurs* avec les fils des sarmens, pour l'intelligence du procédé, l'on trouvera ci-joint le modèle d'une souche entière, avec l'explication à droite, par numéros, des quatre essentielles opérations à exécuter, pour préserver la vigne de la coulure, du brouillard, pour augmenter les produits, pour hâter la maturité, en ménageant les souches et les faire arriver à un âge plus avancé ; pour, en coupant les racines superficielles, les préserver en grande partie d'un froid rigoureux, et des chaleurs excessives ; lesdites racines empêchant les souches de pivoter, et dévorant les racines maîtresses : l'explication est claire sur tous ces objets dans le cours de l'ouvrage.

Ces quatre opérations consistent :

1.° A extraire les fils *couleurs ;*

2.° A couper les sarmens qui ne sont pas porteurs de raisins, par la façon nommée *épamprer*, ou en patois de Toulouse, *espauna*, ou *espampoula ;*

3.° A couper dans le haut les tiges des sarmens porteurs de raisins, par la façon appelée *le pincement de la vigne*, opération physiquement essentielle ;

4.° A couper les racines superficielles, d'après l'explication à ce sujet, et qui est essentiellement vignoble.

Personne alors ne pourra confondre, et tout le monde comprendra aisément la manière de procéder d'après mes vues, pour chaque article en particulier.

———

N. B. Le respectable M. *de Villèle* père, Membre très-distingué de la Société d'Agriculture de Toulouse, malgré son grand âge et ses infirmités, eut le zèle, pour l'intérêt général, de venir, l'été dernier, avec moi, chez les sieurs *Régis* et *Delmas*, précités dans mes ouvrages, pour prendre, avec ces Messieurs, des renseignemens verbaux sur l'efficacité de l'extraction des fils *couleurs*. Après ces conférences vignobles, ce Patriarche d'Agriculture reçut les dires de ces individus, qui, comme on le conçoit, car un auteur ne doit rapporter que des vérités, coïncidèrent parfaitement avec les citations de pratique consignées dans mes ouvrages, pages 50 et 51 de l'édition de Toulouse, et 7 et 8 de celle d'Albi.

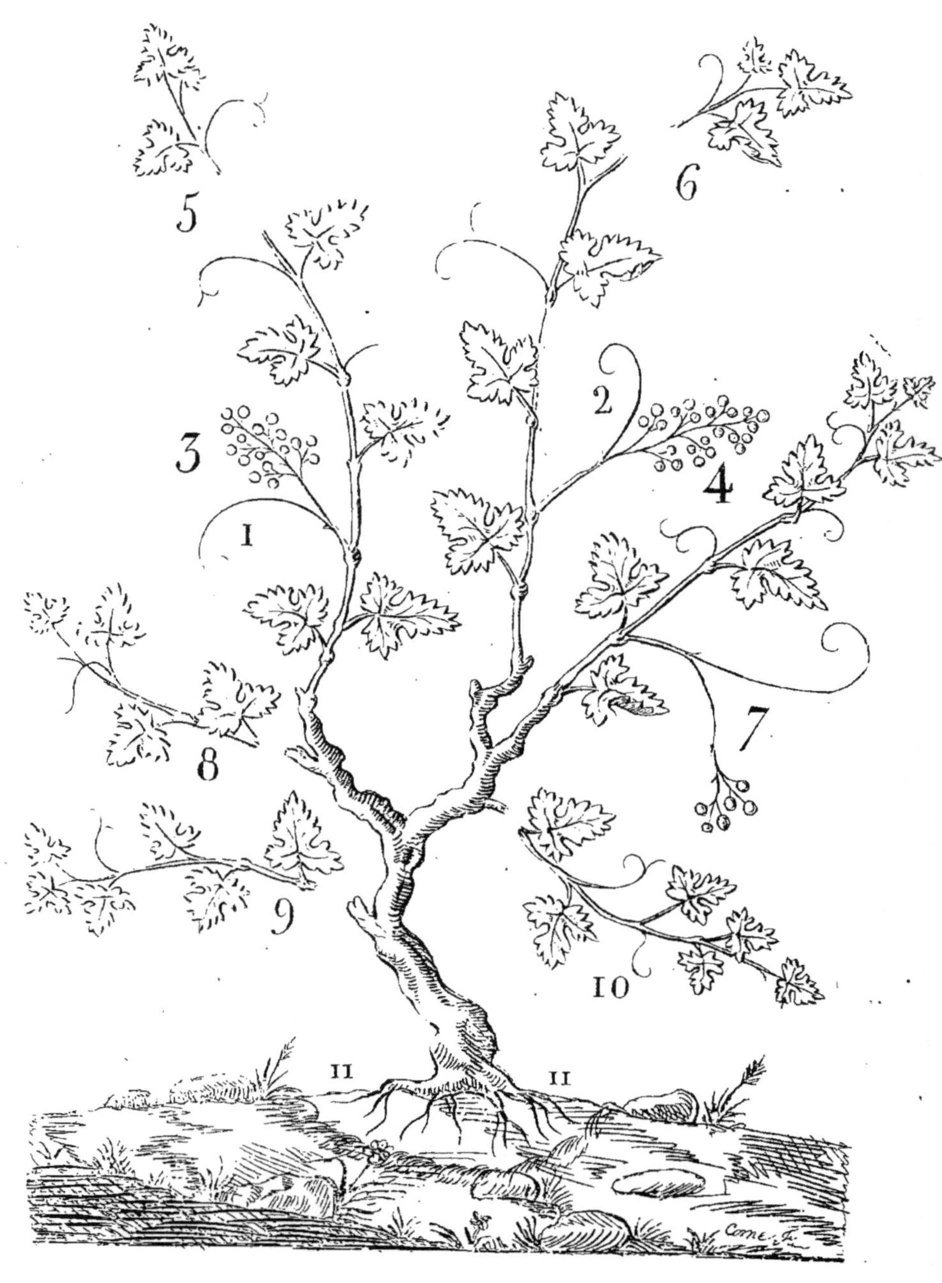

5
6
3
2
4
1
7
8
9
10
11
11

(49)

*DÉTAILS raisonnés, par numéros, des quatre opérations
à exécuter en grand, sur les vignes, d'après mes procédés, consignés sur la gravure que l'on aperçoit ci-
contre.*

N.° 1 *et* 2. — Que l'on remarque avec attention la position des fils n.° 1 et 2
qu'il faut couper. L'on apercevra aisément que les sucs montant par les
sarmens pour aller aux raisins, sont interceptés par les fils qui, par leur
situation intermédiaire sont principes interceptans des sucs vinaires, et sont
la seule cause, par la substance qu'ils ravissent aux raisins, de la coulure,
ou du filer. Que l'on réfléchisse, en lisant mon ouvrage, aux désastres
inévitables, expliqués à leur sujet. L'on aperçoit aussi une petite follicule,
presque imperceptible, à la naissance des fils. Le vice interceptant est
si évident, que si l'on ne coupe pas aussi la follicule, le raisin coule, ou
file, malgré l'extraction du fil. Les vignerons qui mettent en pratique le procédé, l'ont remarqué souvent ; en coupant le fil et laissant la follicule, le mal
est encore très-grave.

N.° 3 *et* 4. — Raisins avant la floraison.

N.° 5 *et* 6. — Têtes de sarment coupées, opération qui se nomme le pincement de la vigne. L'on conçoit aisément, sans être instruit sur les mystères
de la génération des fruits, qu'en coupant les tiges des sarmens, le suc qui
se serait porté à produire un très-long sarment, étant arrêté, refluera nécessairement sur les raisins, les nourrira abondamment et les grossira considérablement. Il faut rompre les tiges des sarmens, à deux pouces environ de
leur hauteur ; les couper trop bas, serait errer ; les couper trop haut, serait
ne pas comprendre l'opération, qui doit être dans l'hypothèse un juste tempérament entre le trop et le trop peu.

N.° 7 — Raisin coulé ou filé, tel qu'il est naturéllement sur toutes les
souches, ou treillages, n'ayant qu'une queue alongée, et cinq à six grains de
raisins, qui souvent même ne mûrissent pas, tant le mal qu'occasionne le
grand fil qui le surmonte est considérable. Sans ce fil, le raisin n.° 7 serait
comme les autres, avec des grains serrés et bien nourris jusques au commencement de la grappe, et au lieu d'en avoir cinq ou six, elle en aurait peut-
être soixante. Les paysans appellent les raisins ainsi perdus, *agrassés*, qui
signifie aigres, n'étant point venus à leur maturité.

N.° 8, 9 *et* 10. — Trois sarmens extraits de la souche, n'étant pas porteurs
de raisins, et dévorant les sucs nourriciers ; l'on conçoit par la gravure, à
gauche, que ces sarmens étant dans le bas de la souche, prennent les
premiers beaucoup de la sève montante, et qu'une fois coupés elle se portera
plus haut, sans le moindre embarras, au fruit. La souche ainsi dégagée, s'é-
puise moins, n'ayant plus à nourrir les parties extraites, et renvoie alors les
sucs nutritifs au fruit et le doublent de grosseur, et par leur robuste constitution, coopère à le garantir des maladies végétales. Cette façon se nomme
épamprer la vigne, et en patois *espauna*, ou *espampoula*.

N.° 11 *bis*. — Racines surperficielles à couper, pour que le pivot, en
patois *lé pal*, puisse, en étant dégagé, pivoter ou s'enfoncer profondément,
et aller chercher en été la fraîcheur, et en hiver la chaleur souterraine. Ces
racines, presque sur terre, sont dévorantes des racines maîtresses et du pivot,
et étant superficielles, sont atteintes par les chaleurs excessives, et par les
froids rigoureux, et procurent facilement à la souche mère ces deux cala-
mités ; les couper est pratiquer une excellente opération vignoble. Lorsqu'une
souche est bien consolidée par le pivot et les racines maîtresses, elle vieillit
plus tard et donne de meilleurs résultats.

L'on doit bien se garder de les couper dans les pays où le roc est ferme,
superficiel, et presque sur terre.

D

Explication, d'après ma manière de voir, de la cause physique de la coulure de la vigne, ou du filer des raisins.

La coulure de la vigne a, suivant mes idées, un principe fatal qui lui est particulier, en raison du fil, sujet de mes observations. Je l'attribue tout à ce fil intermédiaire du sarment au raisin, et, sur ce point, mes vues coïncident avec celles d'un grand nombre de vignerons excellens praticiens.

D'abord tout naît ensemble, le fil n'empêche rien d'être créé ; mais dans la croissance, sa position intermédiaire du sarment au raisin, le fait devenir principe interceptant, dévorant et absorbant du suc qui se serait porté aux boutons des raisins : qu'arrive-t-il alors ? que lesdits boutons, qui doivent après la floraison et la nouure devenir raisins, étant privés de leur nourriture, maigrissent et sont nuls, la queue ou le support de la grappe s'alonge en fil ; la moelle de l'intérieur ayant plus de principe attirant des sucs nutritifs, et plus de force que les boutons qui ne sont que germes extérieurs, les font devenir maigres et maladifs faute de substance (au reste, rien ne croît vîte comme les mauvais germes). Vient ensuite la floraison, toujours tardive, maladive et agonisante, par la même cause ; alors le moindre brouillard, pluie ou orage, achève l'œuvre destructive, la poudre fécondante étant ravie par ces désastres.

Aussi longue, et très-longue grappe toute difforme, les grains de raisins ayant disparu, l'on n'aperçoit plus que cinq ou six grains environ au bas d'une longue filure de grappe, qui même souvent ne mûrissent pas, tant le mal qu'occasionne le long fil qui les surmonte, est considérable, et comme l'on peut le voir sur la gravure, au n.° 7, page 49.

Voilà à mes yeux le principe destructif de la récolte vinaire ; je suis d'accord, sur ce point extraordinairement essentiel, avec tous les vrais connaisseurs dans cette matière, auxquels j'ai communiqué mes idées à ce sujet ; au reste, la saison à venir ne laissera plus aucun doute, je l'espère, sur les causes si long-temps négligées ou ignorées des pertes réelles en vin.

Il y a une remarque à faire sur l'époque de l'extraction des fils *couleurs*; elle varie en raison du temps de la naissance des raisins, de la floraison et des localités ; certainement au nord de la France, la naissance de ces fruits est plus retardée, en raison de la température de l'atmosphère, que dans le Bas-Languedoc, le Roussillon, etc., qui sont au midi.

Si j'ai assigné du 1.er au 15 mai, comme l'époque pour mes procédés, j'ai voulu parler de notre département, et de ceux qui en sont limitrophes ou de la même température barométrique ; il faut donc assigner des règles générales.

Règles générales pour tous les pays vignobles.

Il faut couper ou extraire les fils *couleurs*, non pas lors de la naissance des raisins, car alors, je le répète, ce serait errer, puisque, dès que vous avez extrait ce fil, vous avez fait au raisin une opération castrative, il n'alonge plus, il grossit et se constitue d'une manière robuste ; alors il ne faut le couper que quelques jours avant l'époque de la floraison, lorsqu'il a servi à lui donner une longueur convenable. Couper le fil après la floraison, serait une ineptie, car les brouillards les auraient sans doute atteints ; cependant l'opération est si bonne ; et faites cette remarque que j'ai faite souvent : si le brouillard a dégradé les raisins, et que vous coupiez le fil après ce désastre, tout ce

qui a échappé au naufrage , se conserve et double de
suite de grosseur ; mais sauvons le tout , et coupons
les fils dévorans quelques jours avant l'époque de la
floraison ; alors le procédé est satisfaisant , excellent ,
et très-productif.

Je livre , pour parler généralement , à l'intelligence
des propriétaires des vignobles , le soin de bien concevoir mon procédé , ce qui est très-aisé d'après mes
explications claires ; ils doivent opérer d'après leur
position topographique.

Pour parler *net* , il faut extraire les fils *couleurs*
quelques jours avant la floraison , et lorsque tous les
raisins sont échappés ; cela est clair.

Dans le Bas-Languedoc , le raisin est souvent en
fleur dans le mois d'avril ; dans le nord , sans doute ,
et chez nous-mêmes , à cette époque ils ne sont pas
tous encore nés , car l'on dit chez nous en patois , *la
mézo dé maï ramplis lé chaï* ; donc il y a encore des
raisins dans les premiers jours du mois de mai , dans
notre contrée , qui ne sont point encore sortis. Il faut
opérer suivant les lieux et la température , lorsque
tous les raisins sont nés , et quelques jours avant la
floraison ; voilà qui s'adapte à tous les pays , tant au
nord qu'au midi , et autres mixtes , c'est-à-dire , qui
ne sont ni à l'une ni à l'autre position topographique ,
qui sont intermédiaires de ces deux situations , et où
les saisons sont tempérées ; l'on peut ainsi agir d'après
ma méthode en tous lieux , d'après l'explication
ci-dessus.

L'histoire des brouillards de nos contrées , entre la
saint Jean et la saint Pierre , du 24 au 30 juin , ne peut
s'adapter non plus à tous les pays ; mais dans le nord ,
il y a des brouillards de neige fondue qui viennent à
d'autres époques , et qui nuisent aux raisins. Dans le
midi , il y a les brumes épaisses de mer qui leur préju-

dicient aussi, et d'autres inconvéniens semblables ; mais dans tous pays, en coupant les fils quinze jours avant la floraison, vous préserverez la vigne de la coulure, vous hâterez la maturité des raisins, vous les garantirez des brouillards, n'importe quels : voilà qui est sûr et très-positif, pour tous les pays vignobles.

Une autre opération fort essentielle, et qui est praticable aussi dans tous les pays vignobles, surtout sur les jeunes vignes nommées vulgairement *plantiers*, peut aussi et doit se pratiquer sur les vieux vignobles, car sur les jeunes le procédé les fait croître et s'établir en grande prospérité, et c'est pour les vieux une réparation qui les raccommode pour long-temps ; *voici le fait :*

Lorsque les jeunes vignes ont atteint l'âge de 3 à 4 ans, faites-les déchausser, c'est-à-dire, tirer la terre d'alentour ; vous apercevrez alors, à deux ou trois pouces en dedans de la petite fosse, de petites racines comme des fils qui sont superficielles et rampantes entre deux couches de terre, et qui ont l'air d'une chevelure ; nos paysans appelent ces racines la *perruque*. Il faut avec un instrument tranchant couper toutes ces racines inutiles, et que je prouverai nuisibles, en respectant les racines maîtresses, qui tendent à creuser dans le bas, et qui sont faciles à distinguer aux yeux des ouvriers praticiens et qui ont pour cet objet un œil exercé ; cela est du ressort de l'intelligence des vignerons. Ces petites racines n'étant que rampantes superficiellement, sont atteintes par l'ardeur du soleil vif de la canicule, échauffent et nuisent considérablement aux souches, et par conséquent aux vignobles.

Elles dévorent aussi les sucs internes de la racine pivotante que les paysans appelent *lé pal*, et ceux des racines maîtresses qui tendent, comme ce dernier, à creuser et consolider les souches, les empêchent de prendre une force suffisante pour s'introduire profondément dans le sein de la terre ; au lieu qu'une fois extraites, le pivot et les autres racines mères acquièrent, n'étant plus dévorées par cette engeance nuisible, une force considérable et souterraine, et vont alors chercher profondément la fraîcheur au plus fort des chaleurs, sans laquelle toute végétation est languissante et même souvent tout-à-fait nulle.

Remarquons que les plantes dont les racines sont superficielles, ont besoin pendant l'été de fréquentes irrigations, sans cela elles sècheraient : je pense que la carotte, le sainfoin qui est en bon français la luzerne, qui ont des racines pivotantes, ne périraient pas tout-à-fait par les ardeurs d'un soleil de l'été le plus vif, en raison des sucs frais que les racines de ces plantes vont puiser profondément, au lieu que celles dont les racines sont entre deux terres, ou presque superficielles, sont saisies et privées des sucs nourriciers par les chaleurs excessives.

La souche est la même chose : si, en coupant la chevelure racinale qui est à fleur de terre, vous l'aidez à pivoter profondément, vous la conservez en état de santé végétale, et vous la préservez, en grande partie, des chaleurs ardentes, par la fraîcheur que le pivot lui procure dans l'été.

Vous avez un autre avantage quant aux vignes au labour ; la charrue accroche les racines qui sont en l'air, et quelquefois donne des tiraillemens et des secousses très-dangereuses aux souches, qui quelquefois les font périr En coupant ce racinage inutile, vous n'éprouverez pas ce désagrement nuisible et préjudiciable.

Il faut aussi remarquer qu'en extrayant les racines dont s'agit, puisque vous garantissez la vigne du chaud, vous la préservez aussi des froids rigoureux , et des gelées , qui les font périr , parce que les glaces , surtout après les pluies ou neiges , congèlent ces petites racines , qui sont presque sur terre , et le froid vif se communique plus aisément dans l'intérieur de la souche mère , par les canaux et pores desdites racines , au lieu qu'en les coupant , vous aidez le *pivot* à s'enfoncer ; et puisque dans l'été il va puiser la fraîcheur , dans l'hiver il va aussi puiser la chaleur souterraine , qui réchauffe la souche. Tout le monde sait que lorsque l'atmosphère est à la gelée , l'intérieur de la terre est chaud , par la raison de la chaleur concentrée : témoin dans l'hiver les eaux des puits , et la température calorique des caves et souterrains , dans la même saison : alors vous aurez donc , en coupant ces petites racines , les deux avantages réunis ; *savoir* , de préserver la vigne du froid pendant l'hiver , et des grandes chaleurs pendant un été vif et ardent , par la raison de l'avoir aidée à pivoter profondément.

Cette opération est physiquement essentielle , utile et productive sous les deux rapports détaillés au précédent paragraphe.

Lorsque l'on enseigne ou indique des procédés généraux , il faut aussi prouver qu'en apprenant un bien , il faut bien prendre garde au mal que l'on pourrait occasionner dans certaines contrées où l'on concevrait mal les méthodes , qui souvent sont productives et améliorantes dans certains sites , et destructives dans d'autres.

Par exemple , dans les contrées où le roc est ferme , et presque sur terre , non pas le roc sablonneux et doux , car il ne faut pas confondre , le pivot ne percerait jamais le roc ferme , et dans ces pays-là , la vigne ne se sustentera que par le moyen des racines rampantes et superficielles. Les couper dans ces endroits, serait commettre une faute grave; ce serait tout bonnement anéantir les vignes.

L'opération ne doit se pratiquer que là où la souche peut pivoter; dans ces contrées, elle est excellente, productive et conservatrice; sur du roc ferme, elle est destructive.

La chevelure racinale superficielle étant tondue, le pivot et les autres racines maîtresses jouissent seules des sucs souterrains, nutritifs, s'établissent profondément : les vignobles jouissent d'une vigueur extraordinaire, et sont consolidés pour toute leur vie.

Les vieilles vignes, après cette opération, reprennent aussi une grande vigueur pour quelques années, si elles ne sont point totalement dégradées; cette opération même les rajeunit, et les préserve, comme je l'ai indiqué plus haut, en grande partie des chaleurs ardentes, et des frimas rigoureux.

Réflexions pour les méthodes de la plantation des vignes.

UNE idée conduit à l'autre, quand on s'occupe sérieusement et que l'on conçoit bien la partie que l'on traite.

Ma manière de voir sur le pivotage de la vigne, m'a fait naître l'envie de parler rapidement de la manière de la planter.

1.º Nous connaissons dans nos contrées trois manières d'établir un vignoble : le premier consiste à faire ce travail essentiel avec un outil nommé *plante vigne.*

2.º Le second consiste aussi à faire des fossés alignés et y coucher des sarmens choisis à cet effet, pour devenir souches mères.

3.º Le troisième, qui est ruineux, et qui n'est praticable que pour des gens à coffre-fort, est de défoncer tout un terrain, faire ensuite des alignemens, et planter des qualités de cepages choisies pour établir un vignoble quelconque, et le faire prospérer.

Le premier moyen consiste à planter une vigne avec le *plante vigne* ou pal; il est à mes yeux le meilleur : d'abord il est le plus économique, et tend d'une manière évidente au pivotage, bien entendu que l'on a donné au terrain désigné pour la plantation, les façons nécessaires pour l'établissement des sarmens.

Il est clair que l'outil nommé *plante vigne* étant une grosse machine en fer, s'enfonce *rondement* dans la terre, et fait un trou assez profond; il comprime tout le tour le terrain, et, lors de la croissance des plantations primitives, les racines, au lieu d'errer sur un terrain ameubli, sont forcées de s'enfoncer profondément, et de pivoter. La vigne alors, ainsi établie, est plus solidement rassurée que par toutes les autres méthodes, pour la plantation. Au reste, je me réfère, quant au pivotage, à mes idées à ce sujet, détaillées dans cet ouvrage, et qui finiront d'éclairer pour la plantation des vignes. Le second moyen, qui établit de petits fossés, est à mes yeux très-vicieux, parce que les racines naissantes des sarmens trouvent, à droite et à gauche de leur alignement, un moyen facile de circuler, s'étendent sur la direction de leur alignement, s'entrelacent entre elles, se dévorent et se nuisent par conséquent d'une manière évidente, et quelquefois portent leurs sucs en recrues extérieures, que les paysans appellent *renaissés*; et dans ce cas point de pivotage, tout consiste en racinage vague et presque superficiel, et s'établit d'une manière peu productive, ne peut alors résister, ni à la moindre secousse, ni aux chaleurs, ni aux frimas, n'étant point fondé d'une manière convenable à ce genre de plantation. Tout languit alors, et est constamment d'une production peu assu-

rée, et jamais satisfaisante. Il faut toujours être oc-
cupé aux provins, en raison des manquans en quantité. Dans cette hypothèse ruineuse, le propriétaire qui
comptait sur un revenu vinaire, se trouve par le vice
d'un mauvais établissement primitif de ses vignes,
entraîné continuellement dans des dépenses qu'il s'est
lui-même occasionnées par le défaut de ses connaissances vignobles (défaut de pivotage).

Le troisième, qui consiste à défoncer tout le sol que
l'on veut complanter, est un moyen ruineux, et qui
n'est point praticable ; car je vais prouver, qu'en
agissant ainsi, l'on achète deux fois le terrain. J'ai vu
deux arpens de vigne, remplis de pierrailles, qui
assurément ne valaient pas 600 francs, coûter, de dé-
foncement seulement, 480 francs en journées pour
l'établissement de la vigne. Certes, s'il faut presque en
dépense acheter le terrain qui vous appartient, le
morceau est trop dispendieux, et ne laisse au résultat
que le regret de n'avoir pas su agir en agriculteur
économe et vigneron. Au reste, cette méthode ne se
pratique guère que pour des vignes peu conséquentes,
de luxe ou d'agrément, dans de vastes parcs ou
jardins, et dont la plupart des raisins sont conservés
pour la vente en fruits, ou pour des tables de luxe.

Ainsi, sur les trois moyens, je n'adopte que celui au
plante vigne, comme le plus sûr, le plus économique
et celui qui me fait penser que la vigne est préservée
de grands désastres, et parvient à un âge plus avancé.

Une autre excellente façon à donner aux vignes, est
chaque trois à quatre années, de les faire pelleverser,
surtout quand vous apercevez qu'elles se lassent ; il
faut aussi, pour les amender d'une manière facile et
très-économique, semer dans les intervalles ou raies
des souches, des lupins, que vous faites enterrer
en vert, avant leur maturité, à leur pied. Dans

les vignobles où ces différentes opérations s'exécuteront, si elles étaient lasses et épuisées, elles se relève-
ront considérablement, ou acquerront un nouveau
degré de vigueur, si elles étaient encore en plein
rapport.

Pour revenir à la façon de pelleverser, je dirai que
l'outil dont l'on se sert pour ce genre de travail, qui est
le pelleversoir à deux pointes, ou l'*anduzat fourcut* en
patois, va plus profondément que les bêches et que la
charrue ; les racines alors, à cause de l'ameublisse-
ment des terres, circulent avec plus d'aisance, et
prennent des sucs nutritifs, qu'elles n'avaient pu encore atteindre, parce qu'elles ne pouvaient circuler
avec aisance, la terre étant en dessous trop compacte ;
lesdites racines ayant jusques à cette façon rencontré
des difficultés pour leur extension. Rien n'est moins
coûteux que le lupin, et la façon du pelleverser ne
sera guère plus chère en journées que celle de la
bêche ; elle sera plus coûteuse dans les vignes au labour, que dans les autres ; mais le propriétaire pourrait, par exemple, suivant ses moyens, en faire pelleverser un ou deux arpens chaque année.

Ces différentes améliorations sont simples, faciles,
et ne présentent que du bon, sans nul inconvénient,
comme toutes les méthodes que je propose de faire
adopter ; car mon but est l'économie rurale, et les
procédés évidens.

Il faut espérer que l'on parviendra à améliorer l'art
de l'agriculture ; et si nos pères pouvaient voir combien tout se perfectionne, il seraient bien surpris des
innovations en tout genre, et qui tendent au bien
général.

Le savant abbé *Rozier* dit, page 473, article *coulure des fruits :* « Peut-être en vous instruisant sur les
» mystères de la génération des plantes, vais-je en-

» core augmenter vos alarmes, sans pouvoir vous
» offrir un expédient capable de prévenir l'avorte-
» ment des fleurs, et la coulure des grains et des
» fruits. »

Sans vouloir sûrement nous comparer en rien à
cet habile agriculteur, je crois pourtant que nous
tenons le moyen d'empêcher la coulure de la vigne,
ou le filer des raisins.

Quel est l'homme de bon sens, observateur réfléchi (je ne parle pas de cette classe d'hommes qui trouvent des contradictions à tout, et que la moindre
innovation épouvante), qui après cette masse colossale
de preuves et de citations non équivoques, dans une si
petite circonférence de pays, ne restera convaincu,
et ne mettra pas en pratique, ou du moins en essai,
ma méthode de l'extration du fil *couleur*, et autres
procédés au nombre de quatre ? Il faudra, pour ne pas
la suivre, être entêté contre ses plus chers intérêts.

Messieurs les propriétaires, quand vous placez des
capitaux, sur des propriétés rurales, n'est-ce pas dans
l'espoir juste et fondé d'en retirer pour vos besoins et
votre existence le plus possible de récoltes ? l'abondance n'a jamais nui ; s'il y a beaucoup de vin, l'on
fabriquera des eaux de vie.

Ainsi tout milite en faveur de mes procédés ; il faut
se rabattre sur nos terres ou vignes, et, sans les épuiser, leur faire produire sagement tout ce qui peut en
provenir. Par ce moyen, l'homme intelligent, actif et
laborieux se trouve dans l'aisance, sur-tout dans les
pays où les vins sont chers ; et cette fortune rejaillit
sur ceux que l'infortune accable, et qui vivent du travail pénible de leurs mains, dans les villes et les campagnes, par les dépenses de luxe ou de travaux amélioratifs occasionnées par le surcroît des revenus des
bientenans.

Méthode ponr fabriquer une grande quantité de fumier, de manière que le propriétaire qui en avait jadis 100 charretées en aura 600 et plus avec les mêmes pailles et bétail ; suivie d'un procédé pour fabriquer en quantité, à volonté, des engrais ou fumiers sans pailles ni bétail.

Manière de fumer les champs sur les champs mêmes, pour éviter les transports, qui écrasent les bestiaux.

Possédez-vous le secret de faire sur vos biens beaucoup de fumiers, vous aurez alors un grand revenu ; ne vous en tenez pas à la *routine* ; il faut savoir les fabriquer ; et, par ma méthode, un bien sur lequel l'on faisait par année 100 charretées de fumier, en produira 600, et plus, si vous le voulez ; voici le fait :

D'abord, pour établir vos fumiers, ne laissez jamais perdre sur vos champs aucune espèce de pailles ou chaumes. Puisque nous en sommes au mot chaume, il faut en parler d'une manière satisfaisante.

La meilleure manière d'avoir beaucoup de chaumes est de n'en pas faire du tout. L'homme intelligent m'a déjà saisi. Je fais couper le blé rez terre, alors j'ai paille et chaume tout à la fois sans frais.

Pour prouver combien les bons agriculteurs tiennent à cette méthode essentielle, je vais citer ce qui se pratique dans certaines contrées où l'agriculture est soignée, et, j'ose le dire, poussée à un degré éminent, dans le Lauragais par exemple.

Pour engager à couper les blés bien rez terre, quelques cultivateurs adroits ont imaginé un moyen pour porter les moissonneurs à bien exécuter cette essentielle opération.

C'est un festin, portant en patois le nom *dé ségo*

raz, coupé rez terre en français ; c'est-à-dire, que si la moisson est coupée très-rez terre, le propriétaire, après la récolte définitive, envoie une corbeille de mets et plusieurs bouteilles de vin aux paysans, pour leur témoigner qu'il est satisfait de leur travail, et que par la manière dont ils ont coupé les blés, il ne reste aucun fourrage sur le sol.

Quelle différence avec nos négligens habiles faiseurs de chaumes. Certes, c'est le cas de dire que la différence est du tout au tout.

Ceux qui laissent donc des chaumes, sont obligés, s'ils le veulent tout, de payer des gens à la journée, ou de les donner à couper à moitié bénéfice ; ce ne serait encore rien, quand vous avez eu la duperie d'acheter moitié de ce qui vous appartient, ou que vous avez été assez peu agriculteur pour avoir abandonné moitié de ce fourrage, il faut encore transporter ou le tout ou moitié au domaine, employer gens et bétail, que vous écrasez de travail et de transports ; il faut ensuite payer du monde pour en faire un pailler ; au lieu qu'en faisant couper le blé rez terre, le chaume tient à la paille, je gagne moitié de ce fourrage ; je l'ai tout. Quand mes bœufs transportent les gerbes, tout part à la fois, les estivandiers font en même temps le pailler. Par cette méthode, j'aperçois un profit tout clair, sans le moindre embarras. Gens à *vieille routine ruineuse*, ouvrez les yeux, il est temps de sortir de cette léthargie *anti-agricole : économie, activité, intelligence* dans tous les détails, et vous doublerez vos revenus.

Je m'attends aux objections des vieux *routiniers* ; mais ces objections, qui m'ont été faites souvent, ont été repoussées avec un triomphe complet, et ceux qui me les avaient faites ont été les premiers à s'en départir, et ont agi d'après ma méthode.

(63)

Tristes idées ! l'on me disait que les graines des herbes qui tiendraient aux gerbes se mêleraient avec le
blé ; l'on m'objectera que les gerbes seront trop hautes
et difficiles à dépiquer.

D'abord je répondrai que les prétendues graines
d'herbages, étant pour la plupart très-légères, s'en-
voleront lors du vannage des blés, et que ce qui restera partira au crible.

Quant à la longueur des gerbes, pour la difficulté
de dépiquer, cette raison est si misérable, que ma
réponse sera un éclat de *rire*. Rien ne peut, dans ces
objections, compenser à mes yeux la perte de la moitié des chaumes, qui, par ma manière d'établir les
fumiers, occasionne une perte, sur deux paires de
labourage, de deux cents charretées de fumier au
moins.

Il faut aux propriétaires raison sur raison, pour les
engager à innover ; ce qui doit encore évidemment
les décider aussi à couper le blé rez terre, est que laissant le chaume, les épis et leur paille ayant protégé,
contre la chaleur, les herbages porteurs de graines,
alors à demi mûres ; se trouvant, après la coupure du
froment, à découvert, et par conséquent, exposés à
l'ardeur du soleil, mûrissent tout d'un coup, leurs
enveloppes se déssèchent, s'entrouvrent, et laissent
échapper leurs graines, qui restent sur le sol, et l'in-
fectent d'herbages ; au lieu qu'en coupant le blé rez
terre, vous enlevez toujours à moitié mûrs, et par
conséquent dans leurs enveloppes fermées, les herbages avec leurs grâines ; par ce moyen vous les
extrayez de vos domaines, et vos guérets n'en sont
point surchargés ni infectés pour l'année à venir.

C'est cette raison qui a fait dire, qu'en coupant le
blé rez terre, le blé serait surchargé de mauvaises
graines. J'ai déjà répondu à ce sujet ; c'est une mau-

vaise défaite rustique, pour éviter le couper rez terre, qui nuit à certains intérêts ; l'on doit m'entendre.

Cette manière de couper le blé doit entrer en grande considération dans l'économie rurale d'un domaine. La négliger, est une ineptie, et par conséquent une faute grave qui fait perdre beaucoup d'engrais.

Je vois avec plaisir que plusieurs propriétaires que j'ai l'honneur de fréquenter, et qui sont excellens agriculteurs, ont commencé, l'année dernière, à couper rez terre leurs blés, influencés, comme ils me l'ont dit, par mon premier ouvrage et les bonnes raisons que j'ai données à ce sujet.

Revenons aux engrais ; et ayant donc su conserver tous mes chaumes, j'ai acquis le moyen d'en faire une grande quantité ; pour les établir, il faut choisir un endroit aquatique, à raison des chaleurs de l'été, et pour pouvoir facilement les arroser.

Faites alors faire une fosse très-profonde, c'est-à-dire, à hauteur d'homme. Au reste, pour ma méthode, plus la fosse est grande, et plus je fabrique du fumier. Je fais ensuite chercher, le plus près possible de la fosse à fumier, une mine de bonne terre, où il n'y ait ni roc ni gravier ; je veux de bonne terre, dépouillée de tout inconvénient anti-végétal. Quand j'ai établi le lieu de cette fosse, je la fais creuser jusqu'au roc ou gravier, parce qu'alors les eaux s'imbibent moins sur ces matières, et j'ai comme une espèce de réservoir, ce qui est absolument selon mes vues. Ayant aussi cherché et trouvé la mine de bonne terre, je fais assembler hommes, femmes et enfans du domaine, avec chacun une brouette ; je fais remplir la fosse à moitié, ou plus, de la terre extraite de la mine, et sur cette terre je fais établir les fumiers, en faisant de suite recurer les étables à bœufs, cèlles des troupeaux, et autres.

L'on

L'on sent aisément que lorsque cette terre aura resté quatre mois sous le fumier, le suc dont elle s'imbibe en fera, non pas du fumier, mais quelque chose de mieux, d'excellens terreaux, qui, portés sur les champs, s'y reconnaîtront huit ans, au lieu que le fumier naturel n'a plus d'effet après deux ans.

Ce n'est encore rien ; avide de fumier, il m'en faut à quelque prix que ce soit, et en grande quantité.

Je fais creuser, à l'étable à bœufs et à la place de ce bétail, des fosses de la profondeur de six pans ; je les fais encore remplir de terre et couvrir de litière. L'on conçoit que cette terre, encore imbibée des fientes et urines du bétail, en forme de très-excellent fumier. Je fais la même opération à l'étable à brebis : toutefois là je ne veux pas que l'on approche des murailles. La fosse sera en carré, éloignée de trois à quatre pans des murs, et de six pans de profondeur. Je la fais encore remplir de terre, sur laquelle, de même qu'aux étables à bœufs, je fais établir, en paille et chaume, mes litières. Le tout tient ensemble. Il faut faire ici une remarque avant de mettre en litières aucune espèce de fourrages : présentez-les au bétail dans leurs rateliers, ils en mangent les herbages et les feuilles, et le reste vous sert aux litières, ou à la confection des fumiers.

Que l'on réfléchisse un moment sur la grande quantité d'excellent fumier que je me procure par ces différens moyens ; combien je les quadruple en quatre mois, c'est-à-dire, que la quantité est incalculable eu égard à l'ancienne *routine*.

Chaque fois que je fais recurer les établos, j'enlève la terre, et j'en substitue d'autre pour que ma fabrique à fumier ne se ralentisse pas ; dès que je vois qu'il est prêt, je le fais transporter sur mes guérets, répandre et labourer. Je n'ai pas la noncha-

E

lance d'attendre pour fumer , que l'on soit prêt à semer le blé , je fume mes terres cinq à six fois l'an, en différens endroits, les plus maigres.

Je suppose que par an je vide la fosse à fumier cinq à six fois ; calculez la quantité extraordinaire des terreaux que je me suis procurés à peu de frais. Nous voilà arrivés au temps, je suppose, d'ensemencer, je n'ai pas le temps de laisser la terre devenir fumier , la fosse est vide, et cependant je n'ai pas fumé tout le terrain en labeur , et certaines pièces m'en demandent encore ; cette fois je le fabrique d'une autre manière, et il est prêt dans quinze jours ; l'artificiel supplée de suite au naturel.

Alors je fais remplir tout-à-fait la fosse de terre; j'achète trente quintaux, ou environ, de chaux vive; je la fais répandre sur la terre transportée dans la fosse; je fais aussi jeter dessus la quantité d'eau suffisante pour la fondre et la décomposer : j'ai encore l'attention de faire pratiquer, avec des pieux, plusieurs trous dans la terre transportée pour terreaux, pour que l'eau de chaux puisse facilement pénétrer cette masse. L'on sent aisément que l'infiltration de cette eau de *chaux vive* dans la terre dont s'agit , ne peut que la réchauffer et lui donner une qualité supérieure, même, j'ose le dire, à toutes les qualités de fumiers , et par l'activité que la chaux lui a procurée, produit , sur les terres boulbènes froides surtout , un effet merveilleux.

Il faut être borné pour ne pas , même au premier aperçu, sentir la bonté de la méthode ; mais la *routine* est là qui veille, et qui dira : Quel embarras ! que de travaux ! D'abord, je dis ni travaux extraordinaires , ni grands embarras ; je répondrai que celui qui n'est ni intelligent ni actif, le moindre changement l'épouvante ; eh bien, en agriculture, celui qui craint l'embarras ne sera jamais agronome ; qu'il apprenne que tout est embarras en agriculture : intelligence, économie et activité, et nous aurons des produits.

J'ose espérer que peut-être dans peu, il y aura, en agriculture, des progrès sensibles, comme il y en a eu depuis peu dans la chimie. Assurément si l'on avait dit à nos ancêtres, les chimistes, qu'il y aurait eu un Lavoisier, un Chaptal et autres, et que l'on serait parvenu à décomposer les élémens ; certes ils auraient ri de cette manière de voir. J'ose espérer que des personnes instruites et savantes parviendront quelque jour à des améliorations étonnantes en agriculture.

Pour exécuter tous ces travaux sans journées, je saisis tous les momens perdus ; un jour de pluie, je fais récurer mes étables ; matin et soir, après les attelées des bœufs, pendant qu'ils mangent, j'emploie mes paysans à la confection des fumiers.

Dans l'été faites arroser les fumiers quand vous apercevrez qu'ils se consomment par l'ardeur du soleil ; à défaut, ils se réduisent de moitié.

Vous voyez que par ma méthode j'ai du fumier quand j'en veux. Suivez-la donc, et vous verrez, MM. les Propriétaires, doubler vos revenus dans trois ans ; attachons-nous à faire des engrais, et vos biens et vos terres les plus ingrates seront chargées de récoltes immenses, tout cela avec très-peu de dépenses.

ENGRAIS artificiels, fabriqués sur les champs mêmes à amender, pour éviter les transports coûteux en journées, et les charrois pénibles et longs qui écrasent les bestiaux.

J'ai imaginé un moyen facile, moins embarrassant, peu pénible pour le bétail et moins coûteux pour

les propriétaires ; cette série d'avantages est à réfléchir
pour l'exécution de ce travail.

Si vous avez, loin de vos bâtimens ou métairies,
des pièces de terre à amender, faites creuser à un
coin de chaque champ à réparer par engrais, une
fosse, voisine autant que possible de quelque mare
d'eau, ou fossé aquatique ; faites-la combler à deux
pans près, de la terre du champ même, ou remettez
la même terre extraite de la fosse, si elle est bonne,
sanc roc, ni pierrailles ; faites porter et écraser un
pan, sur toute la surface du trou, de chaux vive ;
ayez soin, avant, de faire pratiquer avec des pieux,
des trous dâns la terre meuble de la fosse, pour que
l'eau de chaux puisse facilement pénétrer la masse de
terre et la réchauffer considérablement ; faites ensuite
jeter une grande quantité d'eau sur toute la chaux,
de manière qu'elle nage ; il faut beaucoup d'eau, ce n'est
pas ici du ciment comme le font les maçons, que
nous voulons faire, c'est de la terre à réchauffer et à
garnir de sels végétatifs.

Vous concevez qu'ayant laissé un mois cette terre
parmi cette infiltration active de la chaux, elle aura
acquis un degré de calorique excellent pour les terres,
sur-tout les boulbènes froides. Cet engrais sera tout
transporté, vous n'aurez à charrier que du champ
sur le champ même, au lieu quelquefois de faire une
demi-lieue. Ce qui fait souvent que les pièces éloignées des bâtimens sont plusieurs années sans engrais,
et sont par conséquent d'un mauvais rapport. Faites
une remarque que j'ai faite souvent ; toutes les pièces
voisines, ou peu éloignées des bâtimens, sont en
plein rapport, et amendées ou fumées presque chaque
année. Les pluies surviennent, l'on craint pour le
bétail, les boues empêchent les transports ; la paresse,
la négligence, contribuent, ainsi que l'éloignement, à

ce que celles qui sont écartées, soient réparées souvent. Ainsi, par mon procédé du champ sur le champ même, tous ces inconvéniens graves, mais vrais, disparaîtront, et les terres les plus éloignées de vos manoirs seront soignées comme les plus rapprochées. Le résultat sera le ménagement des bestiaux, l'économie, et des réparations très-productives à des pièces de terre qui peut-être depuis que vous les possédez n'auront reçu aucune espèce d'engrais. Ainsi, ces différens avantages ne sont point à dédaigner, car ils sont précieux sous tous les rapports.

MANIÈRE de fabriquer des engrais liquides et pénétrans, faciles dans leur composition et très-économiques, pour arroser les plantes précieuses, semis de végétaux rares et recherchés, pour vases de fleurs chères et agréables, pour les orangers et tous autres arbustes, ainsi que pour toutes les plantes de goût et d'agrément, indigènes ou exotiques.

Achetez un hectolitre de poudrette alkalino-végétative, qui vous coûtera 4 fr. 50. c., à Toulouse, chez madame *Vibert Duboul*, au domaine appelé *Gounon*. Ayez de petites comportes pleines d'eau, et mettez un cinquième d'hectolitre de cette matière dans chacune; faites délayer le tout avec un balai rude, afin qu'il ne reste pas au fond de dépôt épais; arrosez vos semis, plantes, fleurs et arbustes de toute espèce, avec cette composition liquide, vous serez étonnés de la force végétale de tout ce qui sera ainsi fumé en arrosement. Dans les pays où il n'y a point des poudrettes, procurez-vous de la colombine ou fiente des pigeons; faites-la écraser, pulvériser et préparer comme la poudrette, et faites vos arrosemens de la même manière qu'avec l'autre matière.

Mais je préfère la poudrette; elle renferme plus de calorique, d'alkalis et de sels végétatifs, sur-tout dans le moment présent, où les urines humaines qui étaient versées et perdues autrefois, entrent aujourd'hui dans leur composition, en raison des vins et liqueurs spiritueuses dont les hommes font un si funeste usage contre leur santé. Cela vaut |mieux que tous les autres engrais des animaux. Ne craignez pas, comme l'ont débité certains individus, que les poudrettes donnent de l'odeur ou un mauvais goût aux plantes; elles sont inodores, et par conséquent ne peuvent communiquer ce qu'elles n'ont pas.

Avec un hectolitre de cette matière, vous pouvez faire prospérer vos jardins, en en usant pour les semis et arbustes. L'on n'emploie pas cette préparation sur les plantes grossières ou arbustes de peu de valeur, et dont les fruits sont peu recherchés; il faut s'en servir pour ce qui est rare et précieux seulement, autrement cette manière d'arroser devient dispendieuse.

MANIÈRE de préserver les prairies des taupes, par deux moyens; si elles résistent au premier, le second est infaillible pour les saisir ou les tuer sans frais, car tous mes procédés sont basés sur des principes de la plus scrupuleuse économie.

Au lieu de dépenser cinq sous par taupe, prise par le moyen d'un soi-disant appât, que peut-être même n'emploient pas les gens qui se chargent de détruire cet animal, car ils ne veulent pas que personne assiste à leurs opérations à ce sujet.

Je vais indiquer deux moyens simples, faciles, et qui n'entraînent à aucune dépense; le premier consiste à les chasser d'un endroit, au moyen d'une plante que je désignerai, et qui paraît être l'anti-taupe; il y a un second moyen plus laborieux, mais qui est positif.

Pour combattre avec succès et détruire un animal quelconque, lui donner la chasse, s'en emparer vivant ou mort, il faut d'abord connaître ses habitudes, ses mœurs et son caractère. Tout animal désire retourner à son gîte.

La taupe, sans être aveugle, a les yeux si petits et si couverts, qu'elle ne peut faire grand usage du sens de la vue; mais en revanche la nature lui a accordé une ouïe des plus fines et des plus délicates; elle est fort attachée à sa famille et très-solitaire, ne communiquant avec aucun autre animal.

Elle habite une terre douce, voisine des eaux et fournie de racines succulentes, et sur-tout bien peuplée d'insectes et de vers, dont elle fait sa principale nourriture.

J'ai vu souvent, après avoir creusé les tanières où elles déposent leurs petits, qui sont par portées de cinq à six, des oignons sauvages, que les paysans appellent en patois *pouriols*, et provision aussi de racinage d'une herbe appelée chlochides qu'elles aiment avidement; cet animal est vivipare. Pour se garantir autant que possible de ce quadrupède qui désole les prairies et jardins, il faut:

1.° Semer 20 graines de palma christi, sur un arpent de pré, les placer çà et là, où vous apercevrez le plus de taupinières. Je tiens d'un américain, que dans son pays, où croît en abondance le palma christi, pour le commerce considérable de l'huile de *ricin*, les taupes fuient les lieux ensemencés de cette plante précieuse et mercantile ; vingt graines ne coûteraient au plus que 15 sous ; l'expérience ne sera pas chère, l'on pourrait faire fuir par ce moyen ces animaux préjudiciables. 2.º Si ce moyen ne réussit pas, je vais en indiquer un autre qui est infaillible. Quand le vent d'autan ou sud-est souffle, ces animaux sortent en foule de leurs cavernes avec leurs petits, et vont visiter par les boyaux ou casemates qu'ils pratiquent pour voguer d'une manière souterraine, et visiter les différens magasins à provisions qu'ils ont établis.

C'est une erreur de croire qu'elles sont, comme les marmottes, engourdies dans l'hiver ; car un vieux proverbe, qui est très-vrai, dit :

Qu'après une forte gélée, lorsque le dégel doit arriver, on le connaît lorsque la taupe souffle. Les paysans disent : les taupes poussent, le dégel n'est pas loin. En effet, il arrive un ou deux jours après sans manquer ; la preuve qu'elles sortent dans l'hiver et qu'elles ne sont point engourdies, c'est leurs traces sur les neiges que l'on reconnaît aisément.

La seconde manière de les prendre ou de les tuer est sûre et facile.

Au commencement du printemps, sur-tout quand le vent d'autan souffle, prenez avec vous cinq à six paysans, armés de bêches, bâtons et fusils ; faites silence en arrivant dans les prairies. Marchez doucement, postez-vous au milieu des taupinières, de suite interceptez à un endroit seulement, du côté du domicile principal de la taupe mère, ce qui est facile à reconnaître par la grosseur des mottes et la quantité des taupinières, les boyaux ou casemates par où elles sont sorties. Faites ces opérations le plus silencieusement possible. Quand toute la surface de terrain que vous voulez chasser est parfaitement interceptée, postez des factionnaires armés de fusils ou bâtons, tirez en l'air trois ou quatre coups de fusil.

Les taupes à ce bruit veulent regagner vîte leur principal manoir. Arrivées aux endroits interceptés, elles se trouvent arrêtées et à découvert; les hommes apostés les assomment à coups de bâtons; celles qui fuient dans les prairies sont tuées à coups de fusil.

J'ai assisté deux fois à des expéditions de ce genre; je fus étonné de la quantité de taupes qui avaient succombé par cette ruse, à défaut de ne pouvoir regagner leur principal domicile.

Aussitôt qu'on les a vues arriver, il faut penser alors que toutes sont en mouvement dans les boyaux de terre; il faut de suite couper les casemates à droite, à gauche, au centre; alors vous guettez où la terre remue, et vous enlevez avec la bêche, terre et taupe. Cette méthode est destructive de ces animaux préjudiciables aux récoltes des fourrages. Les propriétaires mêmes peuvent en faire un divertissement très-utile, en assistant à ces opérations, et les dirigeant d'après ma méthode.

Comme j'ai pris pour système les citations, je citerai M. *Delieux*, de Lille-en-Jourdain, fameux agriculteur, qui me dit dans le bateau de poste du canal du Languedoc, après que je lui eus parlé des méthodes contre les taupes, qu'il employait le second moyen avec un succès complet; il détruit et donne une chasse terrible à ces animaux, dans son domaine, et en prend chaque année une grande quantité.

Après l'expédition, quand vous n'apercevez plus des taupes, vous faites aplanir avec les bêches toutes les mottes, casemates et boyaux, parce que s'il reste quelques taupes, elles reconnaissent leurs habitations dévastées, et souvent désertent l'endroit chassé. Ces animaux ayant un instinct très-fin et très-rusé, se dégoûtent du lieu désolé par les chasseurs taupiers; l'on dirait qu'ils prévoient qu'ils pourraient éprouver encore le sort de leurs pareils.

MÉTHODES, pour l'augmentation considérable de la récolte essentielle des Pommes de terre, et pour se procurer sans frais des qualités excellentes, supérieures aux nôtres et inconnues dans nos contrées, par le moyen d'un procédé des plus simples.

La pomme de terre est un fruit des plus essentiels, car gens et animaux, tout le mange avec plaisir; mais les qualités sont excessivement négligées dans certains pays, parce que l'on sème continuellement celles que l'on récolte, au lieu d'en changer la semence, comme des autres semailles en général.

D'abord la pomme de terre épuise le sol qui la produit. Il faut des engrais partout où elle croît; l'on doit la semer dans un terrain doux et bien ameubli. La terre sablonneuse leur convient fort; c'est un végétal qui n'aime pas la gêne dans sa circulation souterraine; il faut donc:

1.° Faire travailler le terrain assez profondément, qu'il soit bien émotté et bien ameubli, et fourni d'engrais; car après l'enlèvement des tubercules, si vous semez du blé ou autre grain sans fumier, la récolte en souffrira considérablement.

2.° Il faut les semer entières autant que possible, de la grosseur au moins d'une noix. Cela vaut mieux

que de les couper en leur laissant un germe ou deux.
Car, il faut qu'à l'endroit coupé, avant que les sucs
végétaux aient produit intérieurement le levain végétatif interne, les calus se soient formés aux parties
fraîchement blessées. La végétation est retardée, et
les produits en souffrent.

3.º Une fois semée, il faut des courans d'eau et
un émottage parfait; il faut même concevoir que la
quantité de tubercules dépend de la libre circulation
souterraine des germes lancés, et que si vous em-
pêchez le plus possible raisonnablement la végétation
extérieure, puisque le fruit est végétatif interne
et souterrain, vous concentrez les sucs nutritifs, et
vous augmentez alors sensiblement la grosseur, et
j'ose dire la qualité des pommes de terre.

Je vais donner une méthode qui est sûre, claire
et éprouvée. Lorsque vous voyez naître les tiges des
pommes de terre, à deux pouces sur la superficie
terrestre, faites-les recouvrir de terre, en prenant
garde de casser le tuyau tendre des excroissances
extérieures. Lorsque vous les verrez reparaître, et à
la même hauteur de deux pouces, vous les recouvrirez
encore, en laissant toujours le haut de la tige libre
pour qu'elle puisse facilement ressortir; vous les chaus-
sez et recouvrez donc deux fois; vous concentrez
alors évidemment, dans le moment de la croissance
et de la naissance des tubercules, les sucs végétaux
qui se porteraient en dehors, et qui resserrés et con-
centrés, ne peuvent se porter aussi fortement à l'extérieur, et alors sont obligés de refluer dans l'intérieur
sur les fruits; vous faites cette opération précisément
au moment propice, c'est-à-dire, quand les germes
lancés et fécondans se constituent, et quand la nature
agit fortement, vous laissez jusques à nouvel ordre
se porter à l'extérieur les tiges. Nous indiquerons

encore le moment de porter un remède à un grand inconvénient qui s'opérerait sur ce fruit, lors de la saison que les pommes de terre fleurissent et grainent.

4.° Faites bien sarcler et isoler d'herbages nuisibles les alentours des pieds de cette plante, et faites-les chausser, c'est-à-dire bien garnir de terre. Une plantation de pommes de terre doit ressembler, quant au tour des pieds, à des taupinières.

5.° Voici, je suppose, le temps de la floraison de ces végétaux : lorsque tous les pieds ont fleuri, faites couper avec des ciseaux toutes les fleurs, en général, vous augmenterez considérablement, non pas le nombre des tubercules, mais leur grosseur et leur qualité. Il est aisé de comprendre que la force végétative qui se serait portée à produire une longue tige, au bout de laquelle est une fleur blanche, à pollen jaune, se portera alors dans l'intérieur de la terre, sur les pommes de terre, et les grossira considérablement. Vous évitez même l'effort végétatif du moment de la grenaison, qui est le moment pénible pour tout ce qui est végétal, et pour le terrain qui le produit, évitant aux fruits souterrains cet effort de jet à l'extérieur pour cette pénible opération naturelle. Les pommes de terre conservent ce germe, s'en nourrissent, et deviennent beaucoup plus grosses qu'à l'ordinaire, parce qu'elles conservent en recette végétale interne, ce qu'elles auraient été obligées de produire à l'extérieur.

Cette opération claire, se pratique dans plusieurs contrées, avec un succès complet : couper les fleurs, couvrir deux fois les tiges, est une opération très-productive et très-agronome quant à ce végétal.

Il y a une chose fort curieuse, et très-précieuse pour le renouvellement des qualités, et au reste si peu dispendieuse, que le moindre cultivateur, même peu aisé, pourra la pratiquer sans les moindres frais, ce qui est toujours le moyen décisif, pour les moyens exécutifs.

Je parlai de cette épreuve ou expérience, à un insulaire que je pourrais nommer, si on le voulait, et qui m'a dit l'avoir éprouvée avec succès. Au reste, je crois ce moyen bon, parce qu'en cherchant à découvrir les secrets de la nature, et les étudiant, l'on finit par avoir des résultats satisfaisans.

Peu de ménages recueillent de bonnes qualités de pommes de terre; peu de propriétaires en soignent les semences, et les changent rarement. La négligence, vu le peu de valeur de cette récolte, la fait presque mépriser, et c'est très-mal à propos, car ce fruit est excellent pour tout ce qui habite les villes ou les campagnes, hommes et animaux, rien ne dédaigne ce végétal souterrain.

Nos qualités indigènes ou de nos contrées sont affreuses ; il faut recourir, dans notre département, à celles de la montagne ; les nôtres sont diaphanes, aqueuses, germent au mois de ; janvier, se gèlent de suite et se pourrissent lors du dégel.

Voilà les dépréciations des qualités mères, ou semées dans nos pays.

Voici un moyen de se procurer ou acquérir sans nul frais, toutes sortes de qualités, même de celles inconnues jusques à présent dans nos domaines.

Tout le monde sait que les pommes de terre, après leur floraison, produisent une boule verte remplie de petites graines ; il faut au reste choisir, pour les conserver, les pieds des pommes de terre les plus gros et les plus robustes en végétation, et par conséquent il faut laisser les fleurs aux pieds d'où l'on veut avoir de la graine, cela est clair.

Vous couperez et ferez sécher après leur parfaite

maturité, c'est-à-dire, lors de la récolte de ce fruit, ces boules vertes en les suspendant à un plancher ; puis vous écraserez dans vos mains, sur un linge fin, ces boules : vous apercevrez de petites graines comme celles des navets.

Au printemps vous ferez travailler, au coin de vos jardins, un lopin de terre bien défoncé et bien fumé ou amendé ; vous semerez ces graines, comme tous les autres semis, un peu plus clair.

La première année, lors de la récolte de ce fruit, vous apercevrez de petites pommes de terre comme des noisettes, vous les recueillirez et conserverez soigneusement dans un endroit qui ne soit point sujet à la gelée.

L'année d'après vous semerez ces petites pommes de terre, comme vous semez ordinairement toutes les autres, et vous aurez à la récolte à venir de très-gros tubercules, et, ce qu'il y a de très-étonnant et de remarquable, c'est que chaque pomme de terre provenant même de la graine du même pied, vous donnera chacune une qualité différente.

Pour reconnaître alors les meilleures qualités, vous choisirez les couleurs différentes en les coupant avec un couteau ; vous les séparerez ; vous en verrez de vineuses, de blanches, de jaunes, de bleuâtres, et enfin de qualités inconnues ; vous ferez attention sur la main, au poids de chaque qualité et à celles qui résonnent bien au couteau ; vous ferez bouillir dans un chaudron séparément, dans des linges, les différentes qualités, vous les goûterez, vous les vérifierez, vous en mangerez, et vous apercevrez une qualité jaune qui a la peau comme celle d'un oignon, et une autre blanchâtre. Je crois même que quand vous aurez goûté des deux qualités dont je viens de vous parler, vous abandonnerez pour le bétail toutes les autres races. C'est comme cela que l'on s'est procuré en Angleterre une pomme de terre blanche, qui est si bonne et si estimée, qu'on l'a nommée la patate royale.

Je n'ai jamais fait cette expérience, quant aux semailles des graines ; mais comme c'est une chose à exécuter sans frais, j'engage MM. les propriétaires à en faire l'essai. Je tiens d'un Anglais le moyen que je propose ; il m'a assuré l'avoir fait lui-même dans son pays.

Au reste, la nature ne fait rien sans but ; et je pense que les graines des pommes de terre doivent être utiles à la régénération des qualités abâtardies. Je répète que je pourrais nommer à qui le désirerait, l'insulaire qui me l'a communiquée.

L'expérience à faire est simple, facile, et point du tout dispendieuse ; tout le monde peut faire cette épreuve ; je pense que le résultat sera satifaisant.

Au reste, il ne peut qu'en résulter un bien , et il n'y a nulle chance hasardeuse à courir et point de frais à exposer.

Procédé singulier pour hâter la maturité des figues , et s'en procurer de très-précoces , sans incision annulaire.

LA rareté fait désirer toutes choses, surtout en fait de fruits ; l'abondance amène bientôt la satiété. En vendanges , l'on ne fait aucun cas des raisins, tandis que dans l'hiver, ils sont très-recherchés , ainsi que les premiers qui paraissent.

La figue est un fruit édule, généralement estimé ; les dames surtout en sont très-friandes ; il faut donc leur en procurer quelque temps avant l'époque accoutumée, par une méthode des plus simples.

Quand vous apercevrez les figues parvenues à leur suffisante grosseur, et qu'il leur manque encore l'essentiel pour les rendre mangeables, qui est la maturité,

Prenez un vase quelconque dans lequel vous aurez mis une petite quantité d'huile d'olive fine ; ayez une plume : après l'avoir trempée dans ce liquide, vous oindrez l'œil ou cavité que présente la figue en face ; tâchez même d'en introduire un peu dans l'intérieur, vous verrez bientôt mûrir vos figues, et vous jouirez de ce fruit excellent long-temps avant ceux qui n'opéreront pas comme vous.

Il ne faut mettre de l'huile qu'à une certaine quantité à la fois ; si vous en mettiez à toutes en même temps, vous risqueriez d'épuiser l'arbre, qui, dans son état naturel, ne procure la maturité de ses fruits que peu à peu ; vous renouvelerez l'opération, si vous voulez, après avoir cueilli celles qui seront mûres.

Je pense que l'huile adoucit l'âcreté des sucs verts, ou que ce liniment a un principe attirant de la sève maturative.

Cela se pratique ainsi dans quelques pays de l'Espagne. Citons toujours : M. le colonel *Manuel Pedearros*, directeur de la fonderie des canons, à Toulouse, l'a souvent vu pratiquer en Espagne. Cet officier supérieur très-estimable, et qui est un savant dans sa partie, m'a dit que le procédé était positif. Au reste, l'expérience n'est pas difficile, et l'essai n'est non plus ni coûteux ni embarrassant, et peut présenter un résultat fort agréable pour la table, se procurant par ce moyen, avant les autres, des fruits rares et précoces. Je présente ce procédé comme un essai à faire.

Note

Note essentielle sur une plante aquatique d'une utilité évidente en économie rurale et en médecine.

M. *Isidore de Cortade* a donné au public une analyse de la châtaigne d'eau d'une manière différente de la mienne. Ce zélé théoricien s'occupe avec succès des branches agricoles, et est un membre de la Société d'Agriculture de Toulouse très-remarquable ; il est associé correspondant des assemblées agronomes des départemens de l'Ariège et de Seine et Marne.

Tribule aquatique, *tribulus aquaticus*, *trapa natans*. Cette plante annuelle, que l'on nomme aussi macre flottante, ou macle, cornuelle, corniole, châtaigne d'eau, saligot, et truffe d'eau, croît dans les rivières, sur-tout dans les lacs, dans les étangs, dans les fossés des villes, et dans les endroits ou il y a des eaux croupissantes, et dont le sol est limoneux ou marécageux : sa racine est très-longue, garnie, par intervalles, d'un grand nombre de fibres, en partie flottantes dans l'eau, et en partie attachées au limon, ou vers le fond de l'eau. En grossissant, elle pousse vers la superficie de l'eau plusieurs feuilles larges, presque semblables à celles du peuplier ou de l'orme, mais plus courtes, ayant en quelque sorte la forme rhomboïdale, relevées de plusieurs nervures crenelées en leur circonférence, attachées à des queues longues et grosses ; les fleurs sont petites, composées chacune de quatre pétales blancs avec autant d'étamines. A ces fleurs succèdent des fruits semblables à de petites châtaignes, mais armés chacun de quatre grosses pointes ou épines (le calice devient un fruit hérissé de quatre pointes), dures, de couleur grise, couvertes d'une membrane qui s'en sépare. Ces fruits deviennent ensuite presque noirs comme du jais, lisses et polis ; ils

F

renferment dans une seule loge une espèce de noyau, ou d'amande formée en cœur, dure, blanche, revêtue d'une membrane ; cette amande est édule, d'un goût approchant de celui de la châtaigne, mais plus fade ; ils contribuent beaucoup à la multiplication des poissons.

On prétend que c'est la macre qui a donné le modèle et le nom à ces instrumens de fer, pointus en tout sens, qu'on appelle *chausse-trapes*, et qu'on répand en temps de guerre sur la route de l'ennemi pour l'arrêter dans sa fuite. Il est clair qu'avec de pareils instrumens, l'infanterie se préserverait des charges de la cavalerie ; car, si chaque soldat fantassin était muni de 4 à 5 chausse-trapes grosses comme une pomme en fer sur le modèle de la macre, qu'ils les jetassent par terre au moment où la cavalerie viendrait les charger, qu'aussitôt l'infanterie opérât un mouvement de retraite en ordre, les trois quarts des chevaux seraient enferrés par les pointes aiguës des chausse-trapes, et le cavalier démonté ; l'infanterie alors revenant sur eux pourrait obtenir un avantage signalé. Les chevaux seraient estropiés pour long-temps, plusieurs de ces animaux emporteraient à leurs pieds quelques chausse-trapes, le sabot leur tomberait.

Le fruit du tribule aquatique est astringent, résolutif, et propre pour arrêter les cours de ventre, relâchemens sanguins, et toute sorte d'hémorrhagies. Les Thraces, et ceux qui habitent les bords du Nil, font avec l'amande de ce fruit, un pain d'un goût assez agréable ; les Chinois l'appellent *pitzi lintio*.

La manière de le semer, est de le plonger dans l'eau ; il faut le récolter chaque année, et le ressemer, quoiqu'il en reste toujours dans les eaux. Les feuilles sont excellentes pour les engrais des bestiaux. En France, dans le Maine et dans l'Anjou, quelques personnes font cuire ce fruit entier sous la cendre, ou dans l'eau bouillante ; on en fait du pain et une espèce de bouillie : dans le Limousin, on prend pour cela de ces amandes à moitié cuites dans l'eau et dépouillées de leur écorce, on les pile dans des mortiers de bois, et sans y ajouter ni lait ni eau, on en prépare un mets dont les enfans sont fort friands ; il y en a même qui les mangent crues comme des noisettes ; les pièces d'eau où croît ce fruit ressemblent à des parterres fleuris.

L'on se sert extérieurement de cette plante pilée, en cataplasme dans les inflamations.

Sa décoction au vin, chargée de miel, est un gargarisme très-propre pour les gencives ulcérées ; son suc pur est estimé propre pour les ophtalmies.

Ainsi, cette plante aquatique est très-précieuse pour les hommes en aliment ; pour les bestiaux quant à son fourrage foliculaire, et est très-utile en médecine.

Sous tous ces rapports la culture doit en être propagée ; il y en a même une qualité terrestre.

Tribule terrestre, *tribulus terrestris, ciceris folio, fructu aculeato :* on nomme aussi cette plante *herse, croix de chevalier,* et *saligot terrestre ;* elle croît abondamment dans les pays chauds, en Italie, en Provence, en Languedoc et en Espagne ; sa racine est longue, simple, blanche et fibreuse, elle pousse plusieurs petites tiges longues d'environ un demi-pied, couchées par terre, rondes, noueuses, velues, rougeâtres et rameuses ; les feuilles naissent rangées par paires le long d'une côte simple, semblable à celle du pois chiche ou de la lentille ; elles sont velues ; les fleurs sortent des aisselles des feuilles, composées chacune de cinq pétales jaunes disposés en rose, avec dix petites étamines dans le milieu ; à ces fleurs succèdent des fruits durs, armés de plusieurs pointes longues et aiguës, ressemblant à une croix de Malte, composées chacune de cinq cellules qui renferment des semences oblongues.

Cette plante doit être confiée à la terre en même temps que les autres légumes ; elle naît sur la fin de mai, fleurit et grène en juillet et août, et sert de nourriture aux bestiaux ; le fruit du tribule terrestre est détersif, apéritif et astringent ; on dit que sa décoction répandue dans les chambres en chasse les puces.

Il serait à désirer que l'on fît venir des macres terrestres, comme l'on a fait de celles qui sont aquatiques, des pays où elles croissent. Ces fruits ne sont point à dédaigner, et les observateurs doivent s'en procurer et les voir croître sur leurs domaines, par rapport à leurs nombreuses qualités toutes essentielles.

PRÉSERVATIF essentiel contre l'empoisonnement des bœufs, occasionné par les salamandres.

Rien n'est plus essentiel que les bœufs, pour les bientenans ruraux ; la perte d'une paire de ce bétail, ruine souvent un petit propriétaire, et n'accommode pas le riche ; ainsi, tâchons de préserver ces deux classes des désastres qu'elles ignorent à ce sujet.

Les causes des mortalités réitérées des bœufs, chez certains propriétaires, sont totalement ignorées. Une des causes réelles, et qui se présente souvent, sont des reptiles très-dangereux, que l'on nomme *salamandres*, en patois *las blandos*. Des exemples terribles, et malheureusement trop multipliés, m'engagent à décrire le caractère de ces reptiles dangereux. Ensuite j'enseignerai le préservatif, qui est des plus simples.

Les salamandres, sont dans la classe des reptiles batraciens ; leurs caractères distinctifs, sont quatre doigts aux pattes de devant, cinq à celles de derrière, queue alongée en cône, langue large non fourchue, fixée dans toute sa longueur ; les plus connues sont :

1.º La salamandre pointillée ; elle habite les eaux croupissantes.

2.º La salamandre ceinturée, même habitation.

3.º La salamandre palmipède , habite les mares d'eau.

4.º La salamandre des marais, *idem* dans les marais.

5.º La salamandre crêtée, *idem* dans les fontaines , puits ou ruisseaux.

6.º La salamandre terrestre, habite dans les écuries , tertres ou habitations.

Cette dernière, race infâme, est le sujet de mes terribles observations. Ce sont celles qui empoisonnent, sans nul remède ; les bœufs qui ont le malheur de les avaler parmi le fourrage. C'est une erreur grossière et rustique, de croire qu'elles piquent comme la vipère ou les serpens. Lorsqu'elles sont irritées, et c'est je crois le cas quand un bœuf les a avalées , elles lancent par les pores de leur peau une humeur visqueuse et puante, qui est un poison si subtil, que cette liqueur fatale appaise pour un temps l'activité du feu lorsqu'on y jette l'animal.

Les bœufs qui les avalent avec le fourrage, sont perdus sans ressource. Une routine antique a fait établir des crèches pour les bœufs, en terre ou en maçonnerie ; les unes ne valent pas mieux que les autres. Voici comment les bœufs s'empoisonnent avec les salamandres : ces dangereux reptiles vont se loger et établir leurs nids et leur fatal domicile dans les crèches des bœufs , parce que ce terrible animal cherche dans l'hiver la chaleur. Le bœuf souffle , et durant les frimas sur-tout, exhale par les naseaux une fumée calorique , épaisse , qui parvient jusque

dans les trous où sont nichées les salamandres ;
celles-ci , qui sont engourdies par le froid , sentant
cette chaleur , sortent de leur domicile, et restent
dans les crèches. Vient l'heure du repas des bœufs ,
qui avec leurs langues de râpe, ramassent et avalent
alors avec le fourrage l'affreux animal, qui lancé de
suite son poison subtil et délié. Bientôt on aperçoit
le bœuf s'enfler à vue d'œil, et périr dans vingt-quatre
heures au plus, quelque breuvage qu'on lui admi-
nistre.

Le moyen de préserver ces précieux animaux de
ce désastre, est simple. Il faut faire recrépir à mortier
de chaux tous les derrières des râteliers , et faire
démolir les crèches en terre ou maçonnerie, et les faire
établir en planches, parce qu'elles ne peuvent plus se
nicher près de vos bestiaux. M. V......, chevalier de
Saint-Louis , que j'ai cité dans mon premier ouvrage,
perdit 30 bœufs dans deux ans. Au reste, lorsqu'on
en a autant que lui , cela n'est pas étonnant ; il
devina la cause de cette mortalité, par l'ouverture de
certains de ces animaux, fit démolir toutes ses crèches, et trouva une colonie nombreuse de salamandres. Il les fit établir en planches , fit recrépir le
derrière des râteliers, et n'a plus, depuis cinq ans ,
éprouvé de malheur.

La sœur de ce monsieur, que je nommerais à qui
le voudrait , possède une métairie où ni hommes ni
bétail n'ont pu vivre plus d'un an ; aussi elle a été
désertée et va être démolie. Il serait possible qu'une
colonie de ces batraciens, fussent la terrible cause
de cette mortalité, ayant empoisonné les eaux et les
vivres de toute espèce. Lors de la démolition, rapport sera fait à ce sujet. Lorsqu'on démolit un tertre
ou une paroi, il faut écraser tous les œufs que l'on
rencontre ; ils sont ou de salamandres ou de ser-

pens; car ces animaux sont tous ovipares; cette précaution est très-essentielle.

Les moutons qui meurent enflés, ont avalé sans
doute, avec l'herbe, l'humeur de la salamandre. Dé-
truisons autant que possible ce terrible animal.

———————

Moyen pour détruire les chenilles des vignes et autres.

Un jardinier de Glascow, en Ecosse, a découvert
par hasard un moyen facile pour détruire les chenilles. Le vent ayant porté sur un arbuste de son
jardin un chiffon de laine, fut bientôt couvert de ces
insectes frugivores. Il eut le soin de placer sur des
pieds de vigne et autres arbustes, d'autres chiffons
qui s'en couvrirent encore, il les secouait par terre
et écrasait ces animaux. Il parvint ainsi à s'en délivrer
tout-à-fait.

Je finis en faisant une réflexion, en raison des citations nombreuses dont j'ai fourni mon petit ouvrage.
L'on dira peut-être que je ne suis pas l'auteur des procédés. Je ferai à ce sujet la demande suivante : Quel
est l'auteur d'une découverte ? Est-ce l'égoïste qui la
connaît et la garde pour son compte, de manière que si
elle est utile et avantageuse, tout le monde l'ignorera
excepté lui; ou celui qui, la connaissant, la propage
ouvertement ? Je prétends que proclamer une découverte utile, qui se pratiquait même dans d'autres contrées, et qui était inconnue dans le pays où on la propage; le propagateur en est au moins l'auteur dans les
provinces qui l'ignoraient. Il est sûr qu'à Toulouse,
dans les environs et ailleurs même, sans mes ouvrages et, sans me flatter, mon goût pour ce qui est utile en
agriculture et mon activité, le procédé de l'extraction

du fil *couleur* aurait peut-être été généralement ignoré encore 100 ans ; les nombreuses citations que j'ai fournies, sont autant de preuves évidentes de la bonté du procédé, qui par ce moyen est consacré par la plus solide de toutes les expériences.

Travaillons donc, et cherchons sans relâche tous les moyens possibles pour l'intérêt général, afin d'augmenter nos richesses. Souvent des observations livrées à l'impression, et par conséquent au public, suggèrent à d'autres de nouvelles idées amélioratives, qui par addition, par discussion, ou par contradiction, font naître les plus belles découvertes, qui faisant mieux apprécier l'immensité de nos moyens agricoles, nous inspireront peut-être la confiance de défier un jour dans ce bel art toutes les nations, même la nation anglaise, si agronome, dont l'esprit national attache avec tant de raison, une si haute importance à cette suprématie partielle, et qui par la manière dont s'établissent en France si généralement les Sociétés d'Agriculture, ne sera sans doute que momentanée.

FIN. 

Approuvé par plusieurs Sociétés d'Agriculture et consacré par de longues expériences.

OUVRAGE

SUR LES VIGNES

ET LES FUMIERS OU ENGRAIS,

CONTENANT une nouvelle découverte, avec le secours de laquelle l'on augmentera beaucoup la récolte vinaire, sans de fortes dépenses ; ce procédé est mis en pratique chez certains propriétaires, depuis 20 ans à Toulouse, 6 ans à Albi, 60 ans dans certains villages ; il paraît même être en vigueur depuis longues années, d'après les renseignemens recueillis par l'auteur, en Corse, en Italie, en Allemagne, et en France dans la Bourgogne.

TRAITÉ

DES ENGRAIS OU FUMIERS.

PAR les moyens contenus dans cette brochure, le propriétaire qui avait jadis 100 charretées de fumier ou engrais sur un domaine de deux paires de labourage, en aura 600, et plus s'il le veut, avec les mêmes pailles et bétail. Il fabriquera aussi, sans paille ni bétail, tout le fumier qu'il voudra, sans presque aucuns frais.

AVIS À MM. LES PROPRIÉTAIRES

Chaque auteur désire voir par lui-même [illegible] procédés, surtout quand l'expérience les a [illegible] qu'ils sont basés sur l'intérêt général.

L'auteur de celui-ci, ayant parlé à un nombre [illegible] propriétaires, s'est aperçu que quelques-uns n'ont [illegible] conçu son procédé de l'extraction du fil couleur [illegible] monde n'est point agriculteur, et souvent [illegible] ne veulent s'occuper que de *Théorie*.

C'est pour cela qu'il offre à MM. les propriétaires [illegible] rendre avec eux, ou leurs agents, à la saison propre [illegible] pour faire exécuter, devant lui, son procédé sur les [illegible] que pour instruire leurs gens sur un [illegible] suivre méthodiquement, sur leurs vignobles, [illegible] part des améliorations ou réparations économiques [illegible] [illegible]quer.

Ceux qui ne sont point propriétaires de vignes [illegible] s'instruire avec lui sur un système en général pour [illegible] rection et la conduite des domaines ruraux, et [illegible] l'avantage inappréciable de la confection des [illegible] grais ordinaires, ou artificiels, qu'il faut [illegible].

Son adresse est déposée au même lieu que ses ouvrages.

L'auteur, dans le mois de septembre, eut l'honneur [illegible] son ouvrage, touchant le procédé de l'extraction des blés [illegible] à Son Exc. M. le Ministre de l'intérieur *Siméon*, en lui [illegible] vant à ce sujet.

Il fut honoré d'une réponse, en date du 12 octobre [illegible] n. 2484, 3.me division d'agriculture.

Une phrase de cette lettre porte : « Vous avez [illegible], » Monsieur, de faire la publication de votre ouvrage [illegible] » besoin pour cela de mon autorisation ni de celle d'aucune » autre autorité. »

Le Ministre Secrétaire d'État de l'intérieur,

SIMÉON, sign.»

Note sur l'opération des fils couleurs.

..... sur mon opération de l'extraction des fils des
.... une particularité très-remarquable pour l'exécution
....

... les propriétaires sont fatigués d'expériences, et ne
.... se constituer en frais pour mettre en pratique
... tropicaux ; je pense qu'ils ont raison, attendu
.... quantité d'écrits gigantesques qui paraissent,
.... nullement des essais qui sont quelquefois mal
.... pour la plupart dispendieux dans leur exécution.
.... mai, qui ne prêche qu'un système basé sur la
.... économie, et sur la plus évidente pro-
.... que chaque propriétaire de vignes, peut lui-
.... personne, couper les fils dont je parle, à une
.... de ses vignes.

.... même de voir sans nuls frais la bonté
.... ce dont je parle, et s'il en fait l'essai à la saison
.... l'année d'après il ne tâtonnera plus, et en fera le
.... annuelle sur la totalité de ses vignobles ;
.... la preuve matérielle qu'il aura acquise devers
.... en plus de vendange, et de l'amélioration
.... raisins, qui seront plus gros et mieux nour-
.... ils auront été préservés de la *coulure*, des
.... de la non *maturité* des raisins.

... les exemplaires qui ne seront pas revêtus de la
... nappe à la main, seront imprimés en con-
... aux lois de l'imprimerie, contre l'intention
... l'auteur, dont la signature est ci-bas, et à son
...